Vicent B. Espert Alemany
Javier Soriano Olivares
Jorge García-Serra García
Roberto del Teso March

Ejercicios resueltos de diseño de circuitos oleohidráulicos y neumáticos

Universitat Politècnica de València

Colección *Académica* http://tiny.cc/edUPV_aca

Para referenciar esta publicación utilice la siguiente cita:
Espert Alemany, Vicent B.; Soriano Olivares, Javier; García-Serra García, Jorge; del Teso March, Roberto (2024). *Ejercicios resueltos de diseño de circuitos oleohidráulicos y neumáticos.* edUPV

ISBN: 978-84-1396-184-2
Depósito Legal: V-181-2024

Imprime: Byprint Percom, S. L.

Si el lector detecta algún error en el libro o bien quiere contactar con los autores, puede enviar un correo a edicion@editorial.upv.es

edUPV se compromete con la ecoimpresión y utiliza papeles de proveedores que cumplen con los estándares de sostenibilidad medioambiental https://editorialupv.webs.upv.es/compromiso-medioambiental/

Impreso en España

Presentación

La presente publicación contiene una selección de ejercicios resueltos de Diseño de Circuitos Oleohidráulicos y Neumáticos. El contenido de esta publicación se basa en los ejercicios y problemas de examen propuestos en asignaturas de oleohidráulica y neumática impartidas entre los años 1995 y 2021 en las Escuelas de Ingeniería Industrial y de Ingeniería del Diseño, ambas de la Universitat Politècnica de València. El objetivo fundamental de esta publicación es el de facilitar a nuestros estudiantes un material de estudio adaptado al programa de las asignaturas impartidas respecto de esta materia, evitando así que dicho material, original la mayor parte del mismo, quede guardado en algún archivador y, a la larga, olvidado.

El contenido de los ejercicios incluidos en esta publicación se adapta a los objetivos de las asignaturas impartidas y al nivel de conocimientos exigible a los alumnos. Destacan entre estos objetivos, y para el caso que nos ocupa, el que los alumnos sean capaces de diseñar diferentes circuitos oleohidráulicos y neumáticos, definiendo previamente la secuencia de movimientos de los elementos de trabajo que permita automatizar un determinado proceso.

Existen diferentes técnicas de diseño de automatismos dependiendo de la tecnología de los compontes utilizados en la automatización. A este respecto cabe indicar que, en la presente publicación, se utiliza la misma técnica de diseño tanto para los circuitos neumáticos como para los electroneumáticos, siendo esta técnica el llamado *Método paso a paso* (neumático por una parte y eléctrico por otra). Para el caso de la automatización electroneumática se presenta, además, la elaboración del programa a introducir al autómata programable, o PLC, utilizando el lenguaje de diagrama de contactos, caso de ser este dispositivo el encargado de controlar la automatización.

Para el caso de circuitos electrohidráulicos se aplican las mismas técnicas de diseño que para los circuitos electroneumáticos, aunque teniendo en cuenta las características propias de las válvulas que gobiernan el movimiento de los elementos de trabajo, o válvulas de potencia, en una y otra automatización.

Teniendo en cuenta estas consideraciones, las técnicas de diseño utilizadas en la presente publicación son las siguientes:

- *Diseño neumático. Método paso a paso.* Este método se aplica al caso de automatismos puramente neumáticos, y se basa en que la señal de presión que conmuta la posición de trabajo de una válvula de potencia, para dar origen al movimiento del correspondiente elemento de trabajo, se dará en el momento en que deba iniciarse dicho movimiento. Esta señal deberá eliminarse, bien en el momento en que deba iniciarse el movimiento contrario, o bien en algún instante anterior cuando dicha señal ya no sea necesaria. Para el diseño mediante este método se definen los llamados *Grupos paso a paso neumáticos*, que son agrupaciones de determinados componentes neumáticos, los cuales van ordenando el movimiento de los elementos de trabajo según la secuencia de movimientos a automatizar.

- *Diseño neumático. Utilización de los módulos de secuenciador.* Este diseño es en esencia el mismo que el anterior, ya que cada módulo de secuenciador es un componente único formado por los mismos componentes que un *Grupo paso a paso neumático*, aunque agrupados de una determinada manera. La utilización de los módulos de secuenciador simplifica enormemente tanto el diseño de circuitos neumáticos como los trabajos de montaje, reparación y mantenimiento de estas automatizaciones.

- *Diseño electroneumático. Método paso a paso.* Este método, también llamado *Método de máxima desconexión de señales*, se utiliza en nuestro caso para el diseño de circuitos electroneumáticos. En estos circuitos, las válvulas de potencia son válvulas neumáticas de dos posiciones de trabajo y doble pilotaje eléctrico. Para este diseño se definen los *Grupos paso a paso eléctricos*, que son agrupaciones de componentes eléctricos cuyo comportamiento es totalmente análogo al de los Grupos paso a paso neumáticos. De esta manera, el diseño de circuitos neumáticos y electroneumáticos se basa en los mismos principios de funcionamiento, cada uno de ellos con sus propios componentes (neumáticos o eléctricos según el caso).

- *Diseño electrohidráulico. Método paso a paso.* El diseño de circuitos electrohidráulicos por el método paso a paso es el mismo que el de circuitos electroneumáticos, haciendo uso de los mismos Grupos paso a paso eléctricos. La diferencia a tener en cuenta es que, en electroneumática, las válvulas de potencia son electroválvulas de dos posiciones de trabajo, mientras que, en electrohidráulica, estas válvulas son de tres posiciones de trabajo centradas por muelles. Por ello, la señal eléctrica que conmuta una válvula de potencia en electrohidráulica se deberá mantener al menos durante todo el tiempo de duración del movimiento producido en el correspondiente elemento de trabajo, pues en caso contrario dicho movimiento se detendrá, cortándose la secuencia, al centrarse la válvula de potencia. Este hecho condiciona la manera de aplicar el método paso a paso en el diseño electrohidráulico.

- *Diseño electroneumático mediante PLC.* En este caso, es el PLC el que se encarga de que la secuencia de movimientos de los elementos de trabajo se realice en el orden cronológico que requiera la automatización. Para llevar a cabo este diseño, en primer lugar, se representa la secuencia de movimientos sobre el diagrama de Karnaugh definido mediante los finales de carrera asociados a los elementos de trabajo, junto con el estado de las posibles memorias a utilizar en el diseño. Posteriormente, y a partir de esta representación, se deduce el conjunto de funciones lógicas que definen cada uno de los movimientos de la secuencia, las cuales darán origen a la programación del PLC mediante el lenguaje de diagrama de contactos.

- *Diseño electrohidráulico mediante PLC.* De manera análoga a lo que ocurre con el método paso a paso eléctrico, el diseño electrohidráulico mediante PLC es el mismo que el electroneumático con PLC, pero teniendo en cuenta que las electroválvulas de potencia en neumática son de dos posiciones de trabajo y en oleohidráulica son de tres posiciones de trabajo y centradas por muelle. Por ello, en este último caso las señales que ordenan el movimiento de cada uno de los elementos de trabajo se deberán mantener al menos durante todo el tiempo de duración del correspondiente movimiento.

Somos conscientes de que los métodos de diseño presentados en esta publicación no son los únicos que existen ni quizás los más utilizados en neumática y electroneumática, si los comparamos por ejemplo con el método GRAFCET. Sin embargo, tienen la ventaja de su sencillez de concepto y su facilidad de implementación, siendo su fundamento la aplicación repetida de un único esquema básico como es el Grupo paso a paso.

Valencia, enero de 2024
Los autores

Índice

Diseño neumático. Método paso a paso

Ejercicio 1. Secuencia de movimientos simple con movimientos repetidos

Diseñar un circuito neumático constituido por tres cilindros (A, B y C), cuya secuencia de movimientos en cada ciclo será:

$$(\text{Mm o Ma}) \rightarrow A+,\ B+,\ B-,\ C+,\ B+,\ B-,\ C-,\ A-$$

El diseño del circuito deberá contemplar las siguientes especificaciones:

- Diseño del circuito neumático por el método paso a paso.
- Se permitirá el funcionamiento del sistema en modo de marcha manual (modo ciclo a ciclo, con pulsador Mm), o marcha automática (modo continuo, con pulsador Ma).
- Se implementará una parada de emergencia (pulsador Em) de forma que todos los cilindros se devuelvan simultáneamente a la posición inicial.

Solución

Para facilitar la representación gráfica del esquema a diseñar, los grupos paso a paso que responden al montaje de la Figura 1.1 se representarán de forma simplificada como se indica en la Figura 1.2.

Grupo i

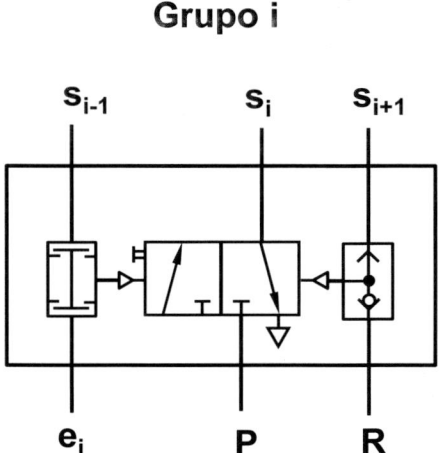

Figura 1.1. Simbología completa de los grupos paso a paso neumáticos

Grupo i

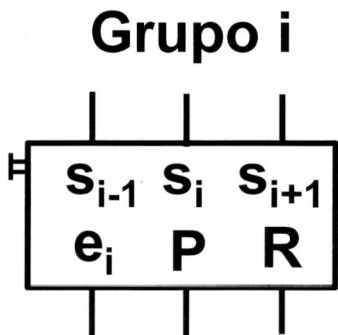

Figura 1.2. Representación simplificada de los grupos paso a paso neumáticos

Al diseñar con todos los grupos paso a paso iguales, tanto al conectar presión al sistema como tras desconectar el pulsador de emergencia una vez accionado, se deberá activar manualmente el último grupo (grupo 8 en el presente ejercicio). Con ello se habilitará el primer paso, y se podrá poner en marcha de nuevo la secuencia de movimientos.

Diseño del circuito neumático mediante el método paso a paso

En la Figura 1.3 se representa el diseño del circuito por el método paso a paso neumático.

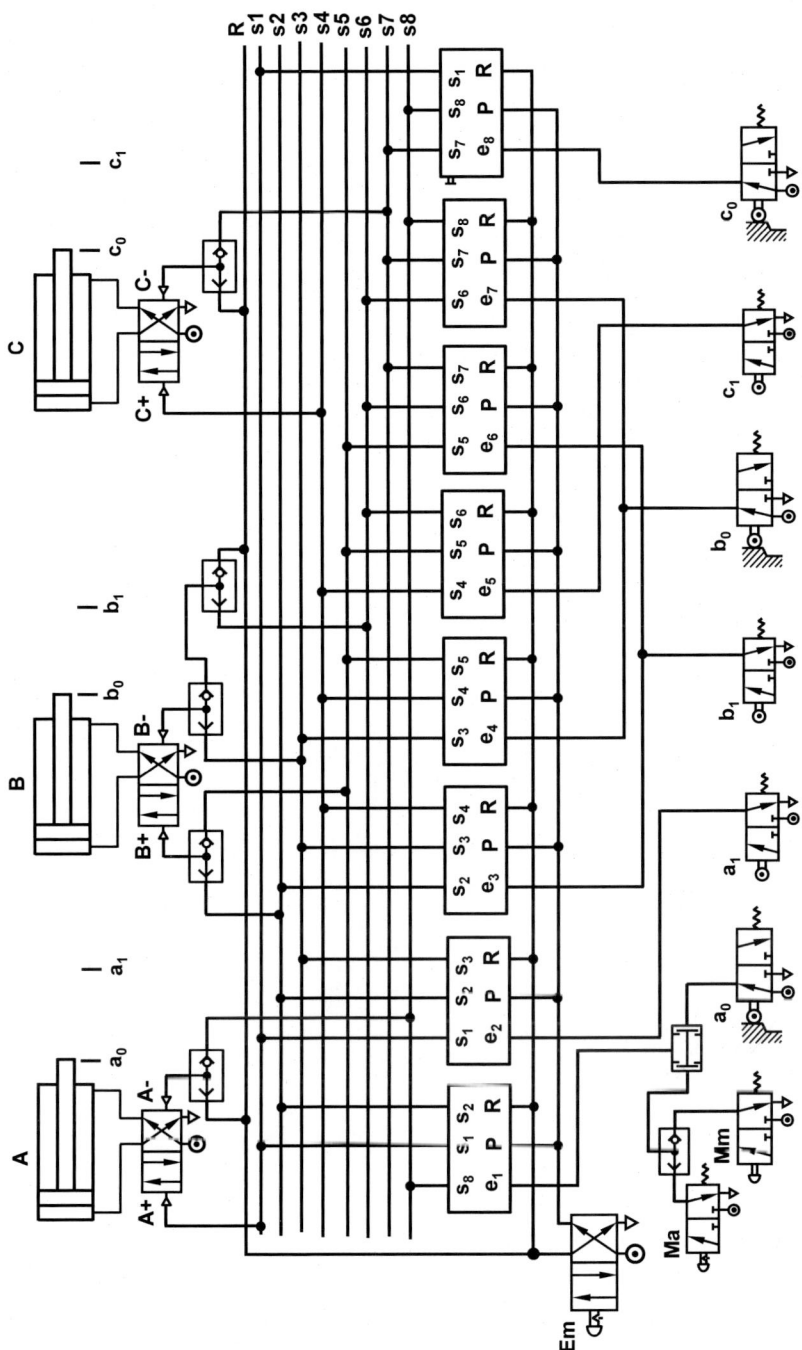

Figura 1.3. Diseño del circuito neumático mediante el método paso a paso

Ejercicio 2. Secuencia de movimientos simple con movimientos simultáneos

Diseñar un automatismo neumático, haciendo uso del método paso a paso, que, existiendo pieza en el banco de trabajo (detectada mediante el final de carrera *EP*) y pulsando un pulsador de puesta en marcha (pulsador *m*), se realice la siguiente secuencia de movimientos:

$$\begin{Bmatrix} m \\ Ep \end{Bmatrix} \rightarrow A+, \ B+, \ C+, \ C-, \ \begin{Bmatrix} B- \\ A- \end{Bmatrix}, \ D+, \ D-$$

Representar, además, el diagrama de movimientos de esta secuencia.

Añadir al diseño un pulsador de emergencia *Em* que, al ser accionado, realice los movimientos de emergencia siguientes:

$$Em \rightarrow D-, C-, \begin{Bmatrix} B- \\ A- \end{Bmatrix}$$

Solución

La solución del Ejercicio 2 se representa mediante las Figuras 2.1 y 2.2.

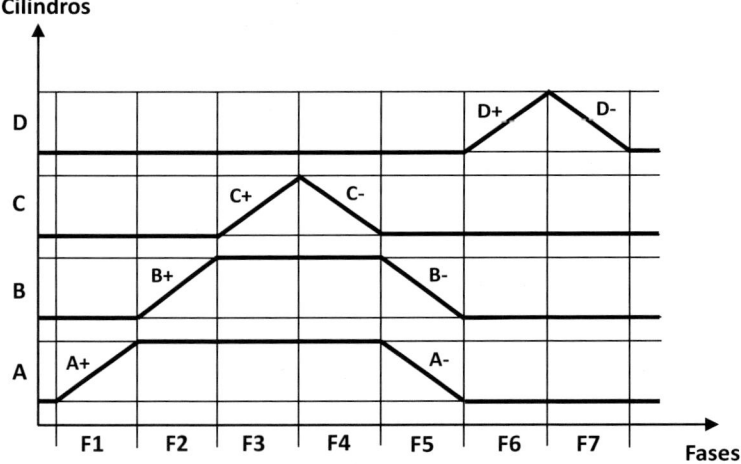

Figura 2.1. Diagrama de movimientos

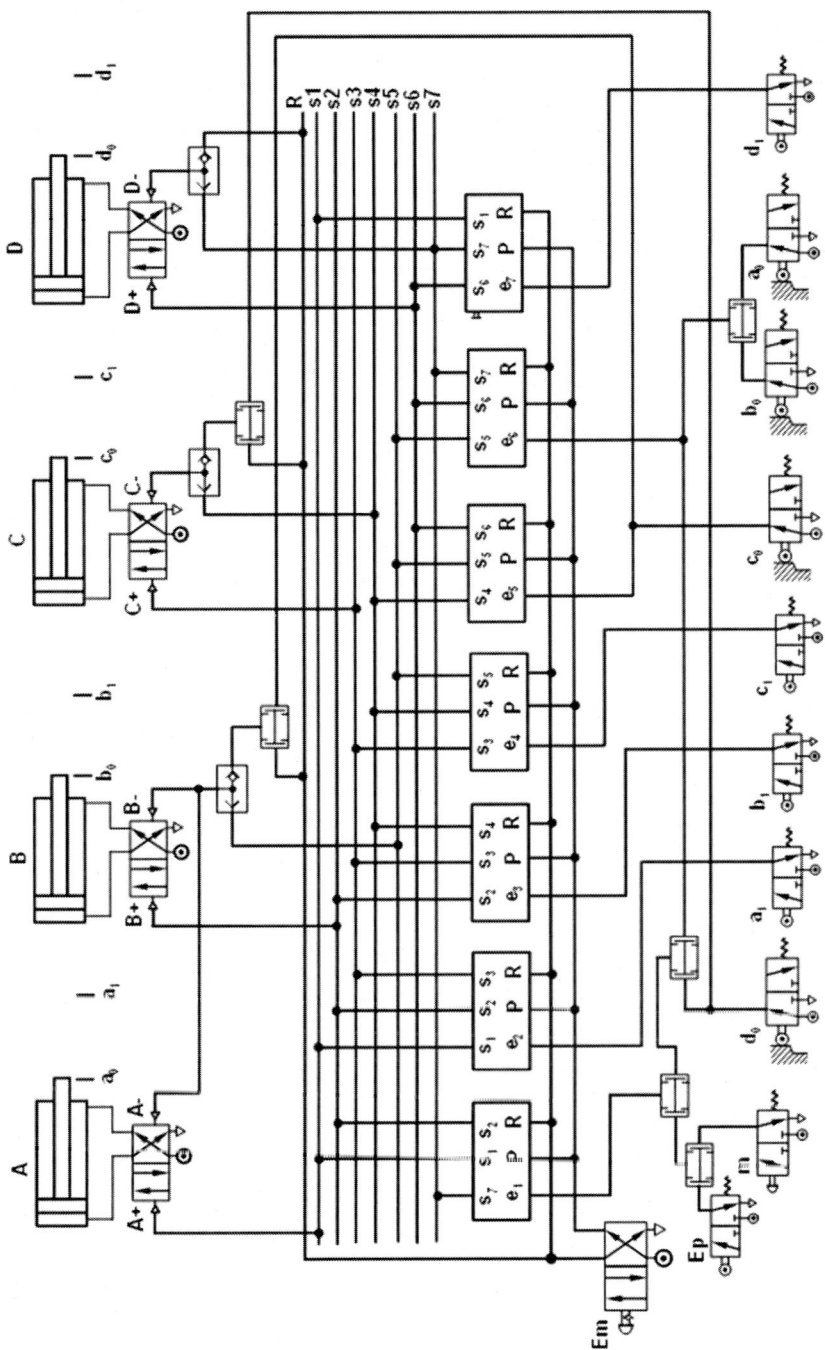

Figura 2.2 Diseño del circuito neumático mediante el método paso a paso

Diseño neumático. Utilización de los módulos de secuenciador

Ejercicio 3. Secuencia de movimientos simple con movimientos simultáneos

Diseñar un circuito neumático que, pulsando un pulsador de puesta en marcha *m*, realice la siguiente secuencia de movimientos:

$$m \rightarrow A+, \ B+, \ C+, \ C\text{-}, \ C+, \ C\text{-}, \ A-, \ D+, \ \begin{Bmatrix} B - \\ D - \end{Bmatrix}$$

En este circuito, el cilindro *A* será de simple efecto y el resto de cilindros de doble efecto. A su vez, tanto la salida como la entrada del vástago del cilindro *B* serán lentos, siendo el movimiento del resto de vástagos sin regular.

En estas condiciones, representar aproximadamente el diagrama de tiempos de esta secuencia de movimientos y diseñar el circuito neumático necesario para automatizar el proceso. La secuencia de movimientos solamente podrá repetirse una vez haya finalizado el ciclo anterior.

El diseño del circuito neumático se llevará a cabo haciendo uso de los módulos de secuenciador.

Solución

Diagrama de tiempos

El diagrama de tiempos de este ejercicio se representa en la Figura 3.1. En este diagrama el eje de tiempos es arbitrario, buscando representar el hecho de que los movimientos de avance y retroceso del vástago *B* son lentos, con tiempos superiores a cualquier otro movimiento de vástago.

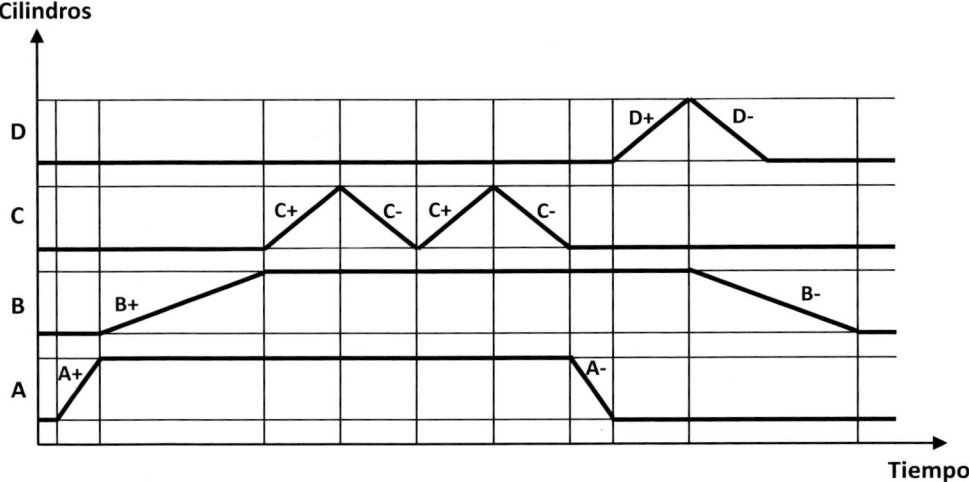

Figura 3.1. Diagrama de tiempos

Diseño del circuito neumático mediante módulos de secuenciador

El diseño del circuito neumático haciendo uso de los módulos de secuenciador se representa en la Figura 3.2.

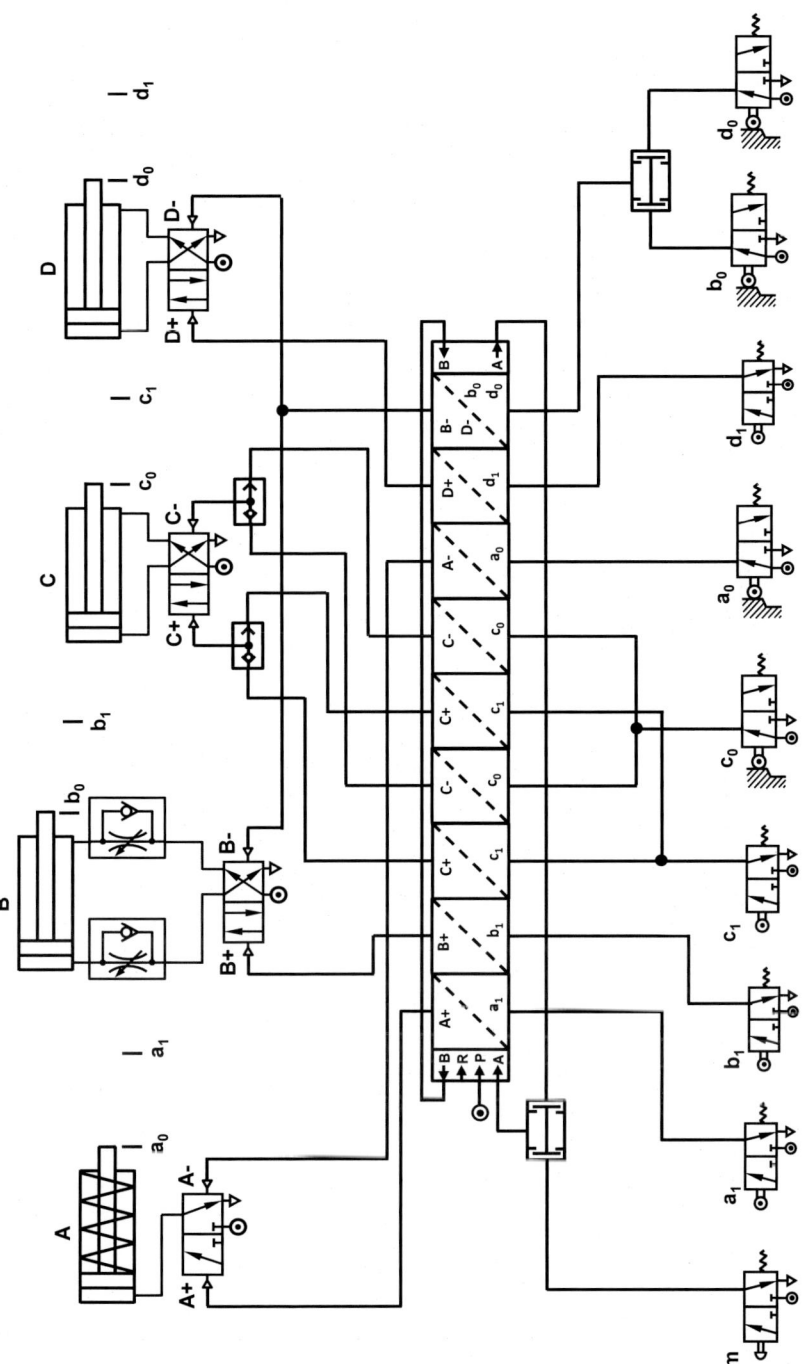

Figura 3.2 Diseño del circuito neumático haciendo uso de los módulos de secuenciador

Ejercicio 4. Secuencia de movimientos simple con movimientos simultáneos y emergencia

En un proceso industrial, la automatización neumática de sus distintas etapas se realiza mediante cuatro cilindros de doble efecto *A, B, C* y *D*. Para este proceso la secuencia de movimientos a automatizar, pulsando el pulsador *P* de puesta en marcha, es la siguiente:

$$P \rightarrow A+, \ B+, \ \begin{Bmatrix} C+ \\ D+ \end{Bmatrix}, \ B-, \ \begin{Bmatrix} B+ \\ C- \\ D- \end{Bmatrix}, \ B-, \ A-$$

Diseñar el programa para controlar este proceso, haciendo uso de los módulos de secuenciador. Se añadirá un pulsador *Em* que, al ser accionado, realice la siguiente secuencia de movimientos de emergencia:

$$Em \rightarrow \begin{Bmatrix} C- \\ D- \end{Bmatrix}, \ \begin{Bmatrix} B- \\ A- \end{Bmatrix}$$

Solución

Diseño del circuito neumático mediante módulos de secuenciador

En la Figura 4.1 se presenta el diseño, mediante los módulos de secuenciador, de la secuencia de movimientos propuesta.

En este diseño vemos cómo, para iniciar la secuencia de movimientos, aparte de pulsar el pulsador de puesta en marcha *P*, tiene que haber finalizado la secuencia anterior, lo cual exige haber pisado el final de carrera a_0. A su vez, como condición adicional, tiene que estar pisado el final de carrera b_0. Esta última condición, final de carrera b_0 pisado, no es necesario tenerla en cuenta al finalizar el funcionamiento normal de la secuencia, pues es seguro que se habrá pisado al terminar el penúltimo movimiento (*B-*).

Pero la condición de estar pisados simultáneamente a_0 y b_0 sí es necesario tenerla en cuenta al final de la secuencia de movimientos de emergencia, lo que permitirá activar la secuencia de movimientos normal una vez se desactive el pulsador de emergencia.

En definitiva, con este diseño, si la secuencia de movimientos de emergencia no llega a finalizar, la secuencia de movimientos normal no se podrá activar, aunque el pulsador de emergencia se devuelva a la posición de inicio.

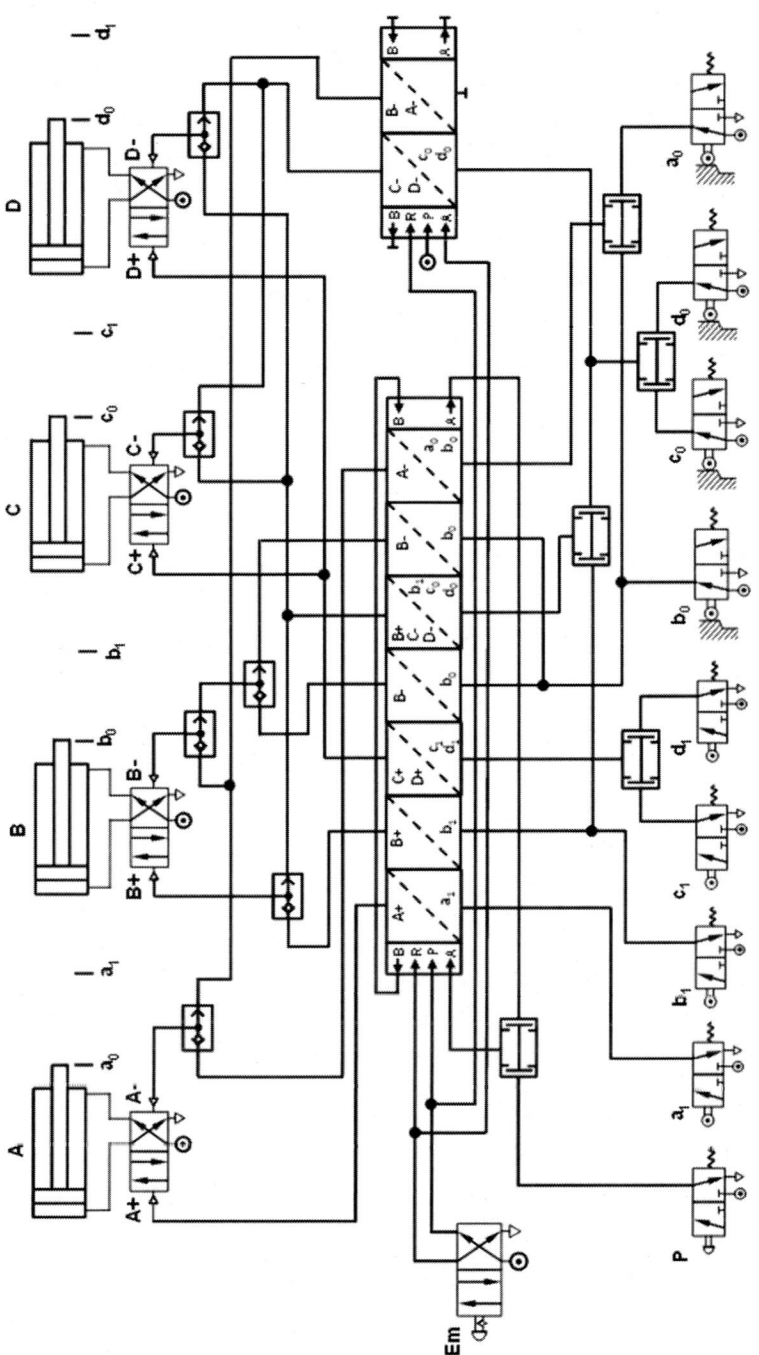

Figura 4.1 Diseño del circuito neumático haciendo uso de los módulos de secuenciador

Ejercicio 5. Ejecución de dos taladros con la misma unidad de taladrado

En un proceso de fabricación se va a diseñar la automatización neumática de una parte del trabajo consistente en la ejecución sobre la misma pieza de dos taladros iguales con la misma unidad de taladrado. Para ello se dispondrá de los siguientes elementos de trabajo:

- Cilindro *A* de simple efecto: sujeción de la pieza.
- Cilindro *B* de doble efecto: avance y retroceso del cabezal de taladrado.
- Cilindro *C* de doble efecto: desplazamiento lateral de la unidad de taladrado.
- Cilindro *D* de doble efecto: expulsión de la pieza una vez se han efectuado los taladros.
- Motor *M* de un solo sentido de giro: movimiento giratorio de la broca.

La alimentación de piezas al puesto de taladrado la efectuará manualmente el operario. Una vez la pieza en su posición, y pulsando el operario un pulsador de puesta en marcha, la secuencia de movimientos a realizar será la siguiente:

1) Sujeción de la pieza.
2) Avance lento del cabezal de taladrado simultáneamente con el giro de la broca.
3) Retroceso del cabezal de taladrado simultáneamente con el giro de la broca.
4) Avance lateral de la unidad de taladrado con la broca parada.
5) Repetición de los movimientos 2 y 3 en el mismo orden.
6) Retroceso lateral de la unidad de taladrado con la broca parada.
7) Soltado de la pieza.
8) Expulsión de la pieza.

Representar aproximadamente el diagrama de tiempos de esta secuencia de movimientos y diseñar el circuito neumático necesario para automatizar el proceso. La secuencia de movimientos solamente podrá repetirse una vez haya finalizado el ciclo anterior y exista una nueva pieza en la unidad de taladrado.

El diseño del circuito neumático se llevará a cabo haciendo uso de los módulos de secuenciador.

Solución

Secuencia de movimientos

La secuencia de movimientos que cumple con las especificaciones del enunciado es la siguiente:

$$\begin{Bmatrix} Ep \\ m \end{Bmatrix} \rightarrow A+,\ \begin{Bmatrix} B+ \\ M+ \end{Bmatrix},\ B-,\ \begin{Bmatrix} C+ \\ M- \end{Bmatrix},\ \begin{Bmatrix} B+ \\ M+ \end{Bmatrix},\ B-,\ \begin{Bmatrix} C- \\ M- \end{Bmatrix},\ A-,\ D+,\ D-$$

en donde *Ep* es un final de carrera de existencia de pieza, y *m* el pulsador de puesta en marcha.

En esta secuencia de movimientos solamente se simultanean movimientos de los cilindros *B* y *C* con señales de activación y desactivación del giro de la broca (órdenes *M+* y *M-*), de manera que la broca se mantenga girando tanto durante el movimiento de taladrado (*B+*) como durante el retroceso del taladro (*B-*). En el resto de movimientos de la secuencia la broca estará parada.

Además, no se simultanean los movimientos *C-* y *A-* para evitar que la pieza quede suelta mientras se esté devolviendo la unidad de taladrado a la posición inicial (movimiento *C-*).

Diagrama de tiempos

El diagrama de tiempos de este ejercicio se representa en la Figura 5.1. En este diagrama el eje de tiempos es arbitrario, buscando representar el hecho de que el avance del vástago *B* es lento (movimiento de taladrado *B+*), y cuya duración es superior a cualquier otro movimiento de vástago.

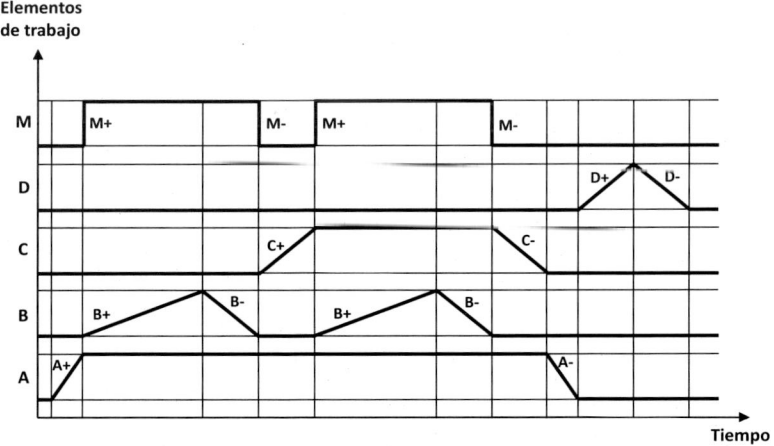

Figura 5.1. Diagrama de tiempos

Diseño del circuito neumático mediante módulos de secuenciador

El diseño del circuito neumático haciendo uso de los módulos de secuenciador se representa en la Figura 5.2.

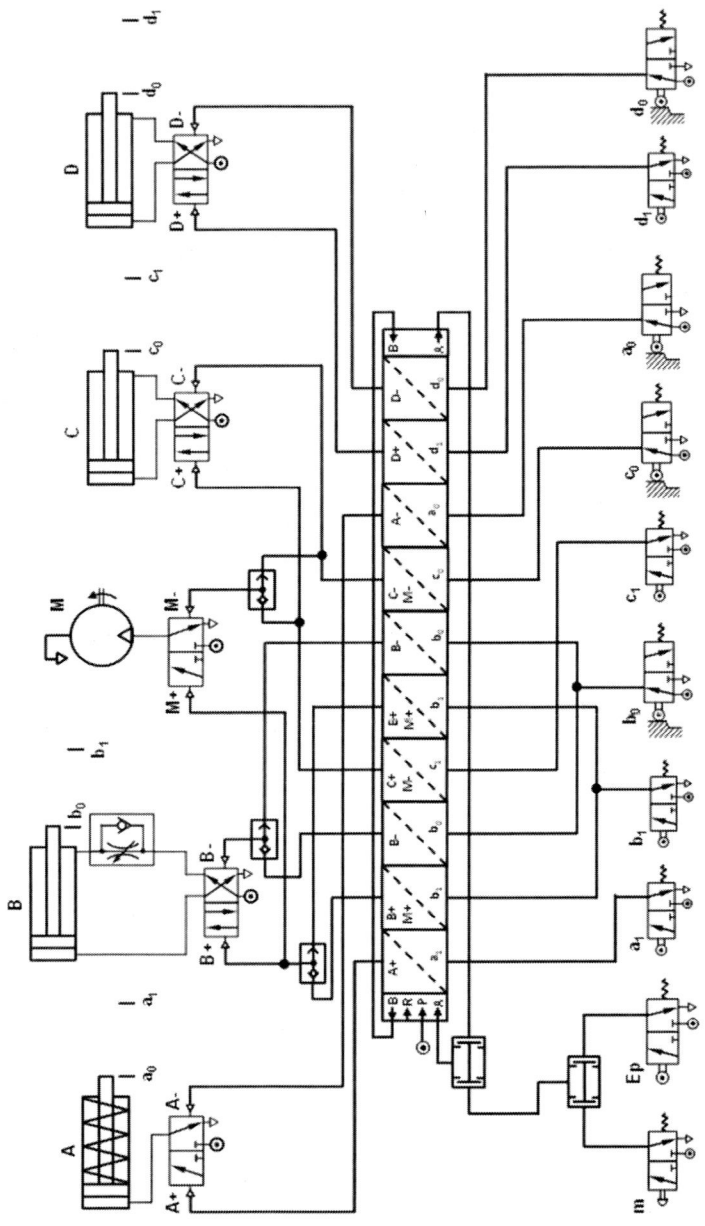

Figura 5.2 Diseño del circuito neumático haciendo uso de los módulos de secuenciador

Ejercicio 6. Selección por altura de piezas ya mecanizadas

Se desea automatizar la selección por altura de piezas ya mecanizadas. Las piezas llegan a la bancada por medio de una cinta transportadora, Figura 6.1, pudiendo desplazarse la bancada hasta el puesto de selección por medio del cilindro *B*. Sobre esta bancada se ha dispuesto un final de carrera, *Ep*, para detectar la llegada de una pieza. Además, existe un cilindro *A*, vertical, que dispone de un tope para evitar la entrada de una nueva pieza cuando se está seleccionando una de ellas.

Las piezas a seleccionar pueden tener dos alturas diferentes, de manera que las de mayor tamaño, cuando se sitúan sobre la bancada, accionan un final de carrera *Tp* de cuatro orificios y dos posiciones de trabajo. Este final de carrera no será accionado por las piezas de menor tamaño. Por ello, cuando se detecte la existencia de una pieza sobre la bancada por medio del final de carrera *Ep* y no exista ninguna pieza en los bancos de retirada (finales de carrera F_1 y F_2 sin accionar), la secuencia de movimientos será la siguiente:

1. Avance del tope *A* para evitar que entre una nueva pieza.

2. Avance lento del cilindro *B* para situar la bancada en el puesto de selección.

3. Si no se acciona el final de carrera *Tp*, avance lento del cilindro *C* hasta la mitad de su recorrido, para desplazar la pieza al primer banco de retirada y, posteriormente, retroceso del cilindro *C*.

4. Si se acciona el final de carrera *Tp*, avance lento del cilindro *C* hasta el final de su recorrido, para desplazar la pieza al segundo banco de retirada y, posteriormente, retroceso del cilindro *C*.

5. Retirada del cilindro *B* para devolver la bancada a su posición inicial.

6. Retroceso del tope *A* para permitir el paso de una nueva pieza hacia la bancada.

Representar el diagrama de tiempos de la secuencia de movimientos indicada y diseñar el circuito neumático que automatice el proceso, haciendo uso de los módulos de secuenciador. Esta secuencia de movimientos se realizará automáticamente, sin la intervención del operario.

Ejercicios resueltos de diseño de circuitos oleohidráulicos y neumáticos

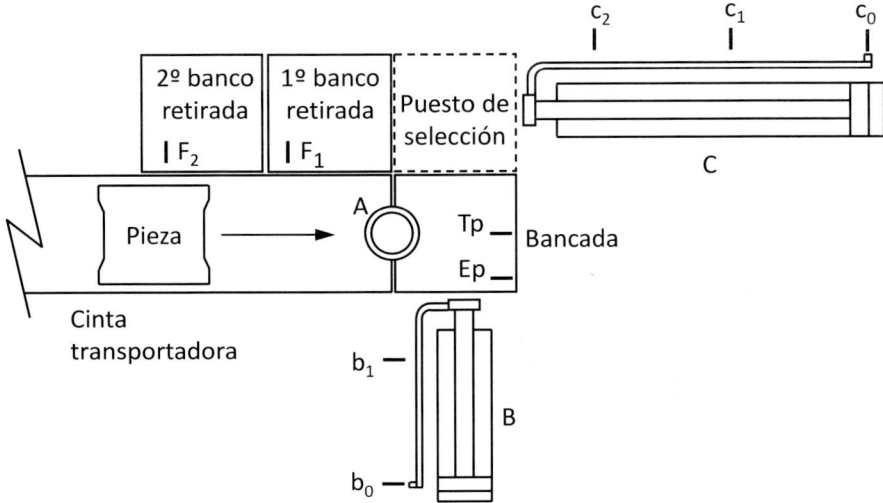

Figura 6.1. Sistema de selección, por altura, de piezas ya mecanizadas

Solución

Secuencia de movimientos

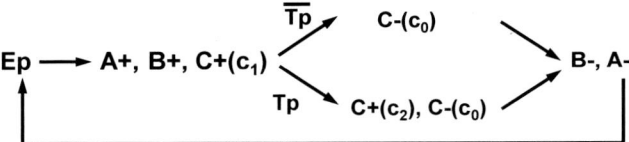

Diagrama de tiempos

El diagrama de tiempos de este ejercicio se representa, en la Figura 6.2, para las piezas de menor tamaño y, en la Figura 6.3, para las piezas de mayor tamaño.

Diseño del circuito neumático mediante módulos de secuenciador

El diseño del circuito neumático haciendo uso de los módulos de secuenciador se representa en la Figura 6.4.

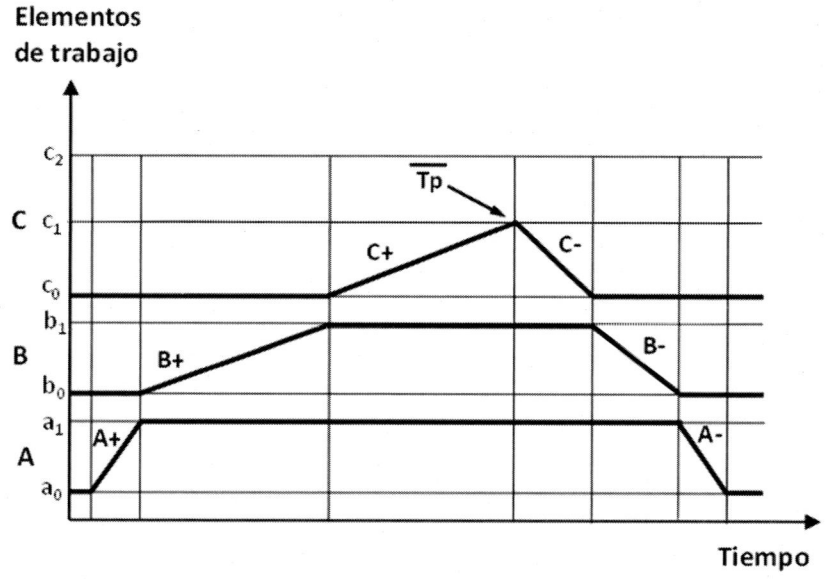

Figura 6.2. Diagrama de tiempos para las piezas de menor tamaño

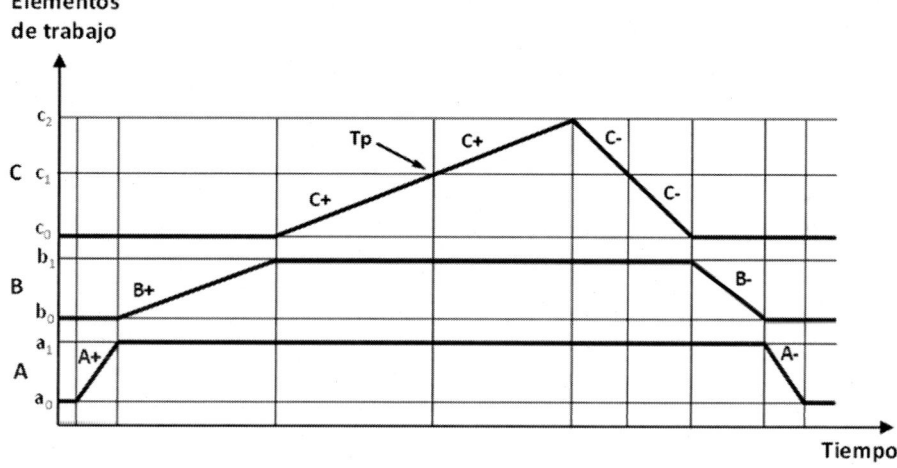

Figura 6.3. Diagrama de tiempos para las piezas de mayor tamaño

Ejercicios resueltos de diseño de circuitos oleohidráulicos y neumáticos

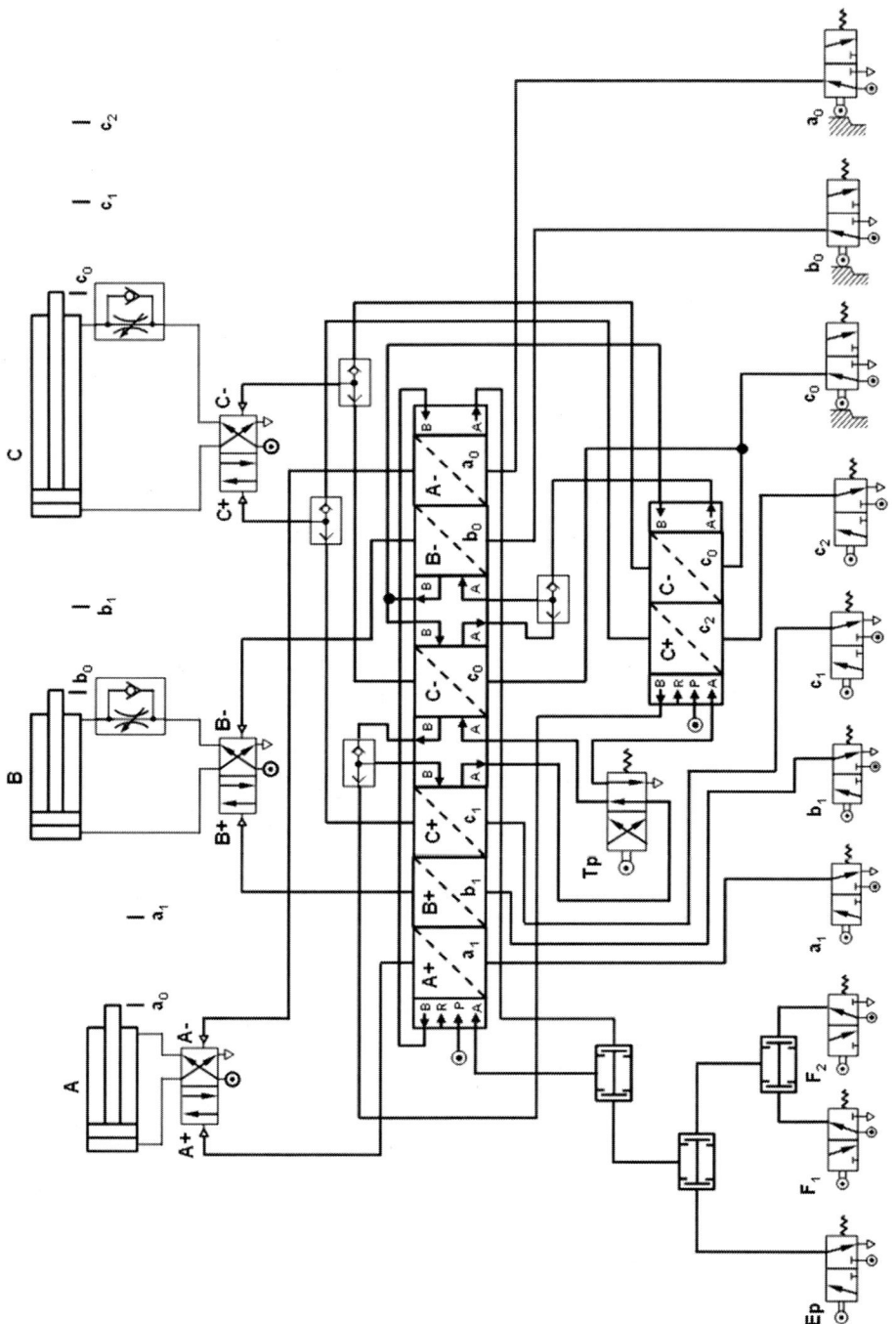

Figura 6.4 Diseño del circuito neumático haciendo uso de los módulos de secuenciador

18

Diseño electroneumático. Método paso a paso

Ejercicio 7. Secuencia de movimientos simple con movimientos repetidos

Se desea diseñar un circuito electroneumático constituido por dos cilindros (*A* y *B*), cuya secuencia de movimientos en cada ciclo es: *A+, B+, B-, A-, B+, B-*.

El diseño del circuito deberá contemplar las siguientes especificaciones:

- Representación de la parte neumática del circuito.
- Diseño del circuito de mando y de potencia eléctricos mediante el método paso a paso.
- Se dispondrá de un selector *S1* que accionará el funcionamiento del sistema en modo manual (se requiere accionar el pulsador de marcha *M1* para que comience cada uno de los ciclos), o automático (los ciclos se repiten sucesivamente, arrancando mediante un pulsador de marcha *M2* y parando mediante un pulsador de paro *P2*).
- Se implementará una parada de emergencia (pulsador *PE*), de forma que los vástagos de ambos cilindros recuperen simultáneamente la posición inicial.

Solución

Secuencia de movimientos en modo manual o automático

$$(\text{M1 o M2}) \rightarrow A+, \ B+, \ B-, \ A-, \ B+, \ B-$$

Secuencia de movimientos de emergencia

$$PE \rightarrow \begin{Bmatrix} B - \\ A - \end{Bmatrix}$$

Representación de la parte neumática del circuito

En la Figura 7.1 se representa la parte neumática de este ejercicio, donde se incluyen los cilindros, las electroválvulas que controlan el movimiento de dichos cilindros, y los finales de carrera que indican la posición extrema de los vástagos.

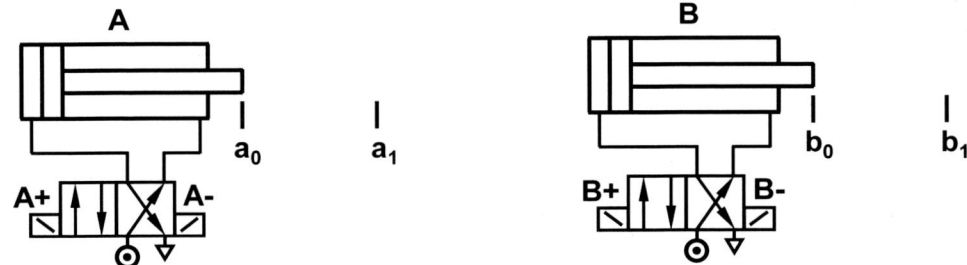

Figura 7.1. Representación de la parte neumática del circuito

Diseño del circuito eléctrico

En la Figura 7.2 se representa el diseño del circuito eléctrico de mando, funcionando a 24 V cc, y en la Figura 7.3 se representa el circuito eléctrico de potencia, funcionando a 220 V ca. En el diseño realizado, para la puesta en marcha de la secuencia de movimientos se requiere, entre otras, la condición de que estén pisados los finales de carrera a_0 y b_0. Esta condición viene impuesta por la secuencia de movimientos de emergencia ya que, en caso de accionar el pulsador de emergencia *PE*, se tienen que realizar simultáneamente los movimientos *A-* y *B-* previamente a la nueva puesta en marcha.

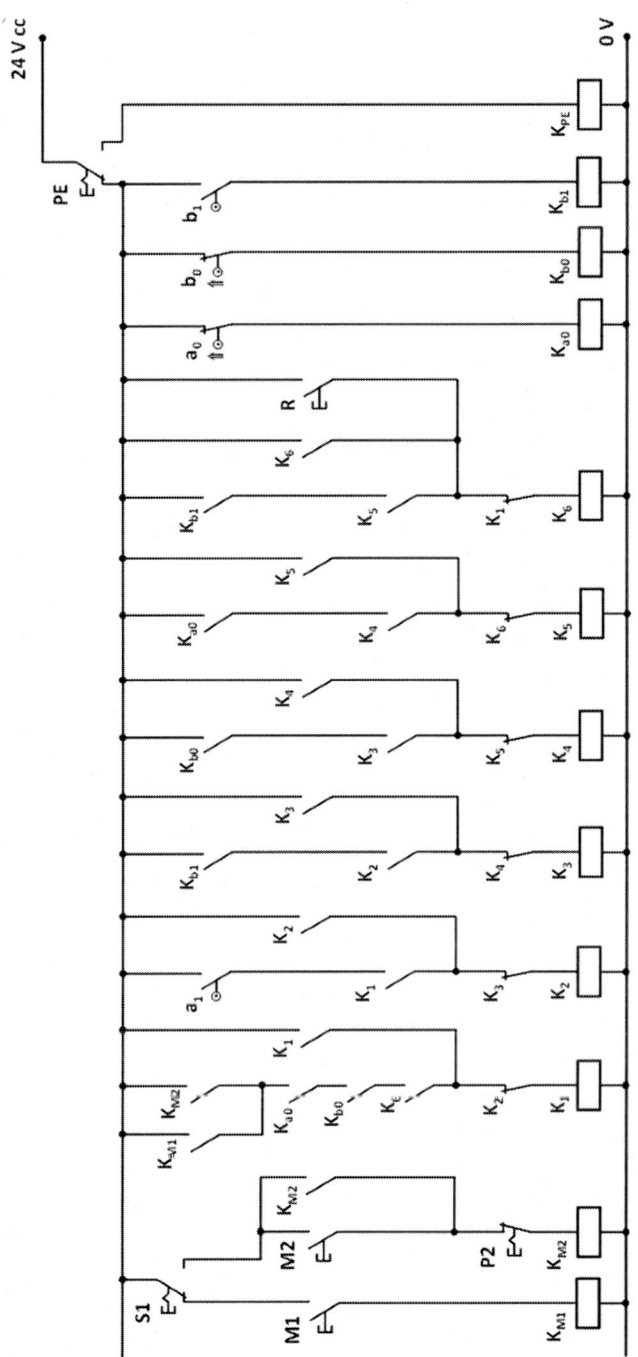

Figura 7.2. Circuito de mando mediante el método paso a paso eléctrico

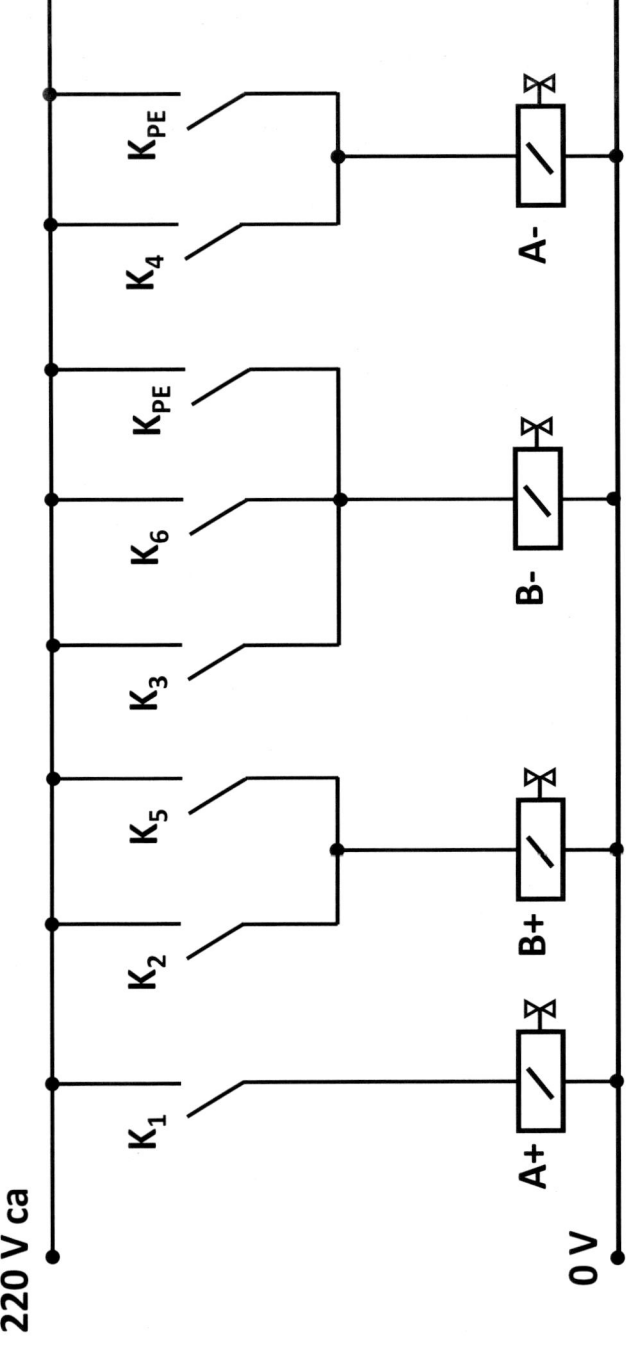

Figura 7.3. Circuito eléctrico de potencia

Ejercicio 8. Secuencia de movimientos simple con movimientos repetidos

Diseñar un circuito electroneumático que, accionando un pulsador de puesta en marcha, realice la siguiente secuencia de movimientos: *A+, B+(lento), C+(lento), C-, B-, C+(lento), C-, A-*. La marcha puede ser ciclo a ciclo, con un pulsador *M1*, o automática por medio de un pulsador con enclavamiento *M2*.

Añadir un sistema de paro por emergencia *PE* que haga entrar los vástagos en el orden *C-, B-* y *A-*.

Solución

Secuencia de movimientos en modo manual o automático

$$\text{(M1 o M2)} \rightarrow A+, \ B+(\text{lento}), \ C+(\text{lento}), \ C-, \ B-, \ C+(\text{lento}), \ C-, A-$$

Secuencia de movimientos de emergencia

$$PE \rightarrow C-, B-, A-$$

Representación de la parte neumática del circuito

En la Figura 8.1 se representa la parte neumática de este ejercicio, donde se incluyen los cilindros, las electroválvulas que controlan el movimiento de dichos cilindros, los finales de carrera que indican la posición extrema de los vástagos, y los reguladores unidireccionales que facilitan el movimiento lento del vástago de los cilindros *B* y *C*.

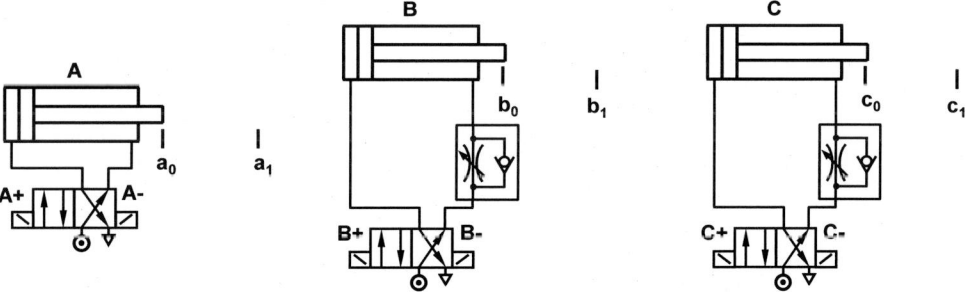

Figura 8.1. Representación de la parte neumática del circuito

Diseño del circuito eléctrico

En la Figura 8.2 se representa el diseño del circuito eléctrico de mando, funcionando a 24 V cc, y en la Figura 8.3 se representa el circuito eléctrico de potencia, funcionando a 220 V ca.

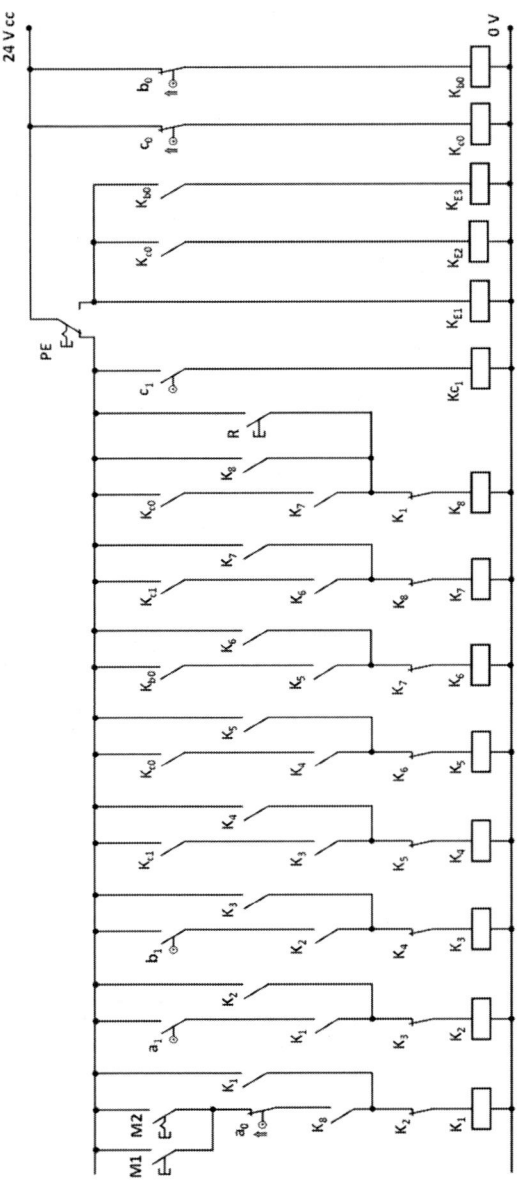

Figura 8.2. Circuito de mando mediante el método paso a paso eléctrico

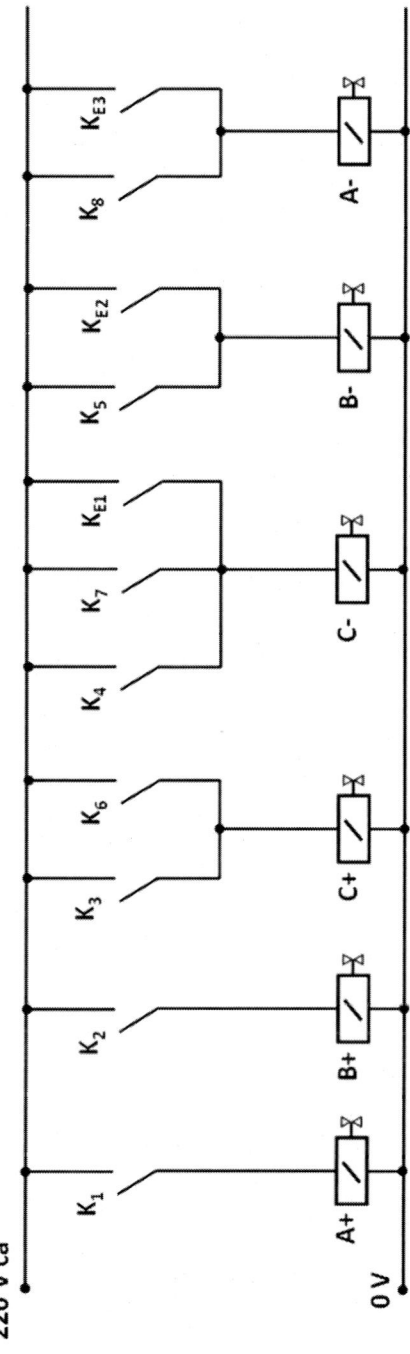

Figura 8.3. Circuito eléctrico de potencia

Ejercicio 9. Secuencia de movimientos simple con movimientos simultáneos

Se desea diseñar un automatismo electroneumático para realizar, mediante cuatro cilindros de doble efecto, la siguiente secuencia de movimientos:

$$\begin{Bmatrix} Mm \; o \; Ma \\ Ep \end{Bmatrix} \rightarrow A+, \begin{Bmatrix} B+ \\ C+ \end{Bmatrix}, B-, B+, \begin{Bmatrix} C- \\ B- \\ A- \end{Bmatrix}, D-, D+$$

Este ciclo de trabajo se realizará solamente si existe pieza, lo cual se detecta por medio de la señal dada por un final de carrera eléctrico *Ep* accionado por la propia pieza.

Representar el diagrama de movimientos de esta secuencia y diseñar el circuito elecroneumático necesario para automatizar este proceso, incluyendo la parte neumática y la parte eléctrica. Se diseñará la automatización para que funcione ciclo a ciclo, pulsando un pulsador de puesta em marcha *Mm*, o bien automáticamente, sin la intervención del operario, mediante el pulsador *Ma* con enclavamiento. Cada ciclo sólo podrá repetirse si existe pieza y ha finalizado el ciclo anterior.

Solución

Diagrama de movimientos

El diagrama de movimientos de este ejercicio se representa en la Figura 9.1.

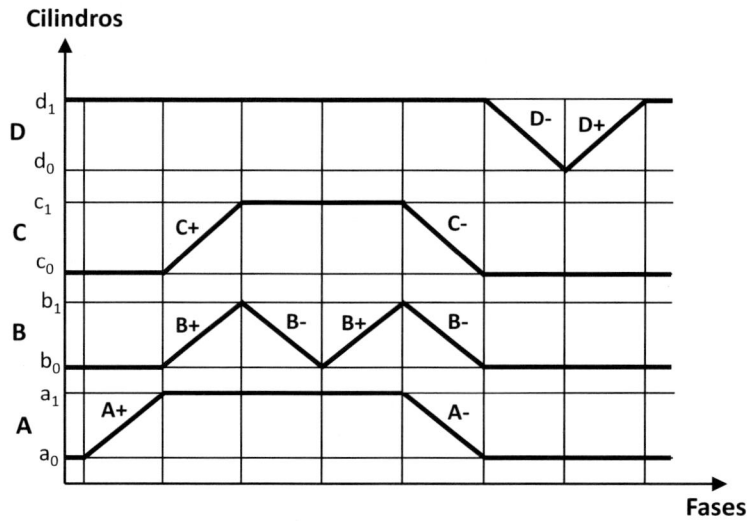

Figura 9.1. Diagrama de movimientos

Representación de la parte neumática del circuito

La parte neumática del circuito se representa en la Figura 9.2. En esta figura podemos ver que el vástago del cilindro *D* se representa en su posición de vástago fuera, estando el vástago del resto de cilindros en su posición de vástago dentro. Además, la posición de trabajo de las válvulas de potencia corresponde con la posición del vástago en cada uno de los cilindros. Esta representación está de acuerdo con la posición inicial del vástago de los cilindros, como da a entender la secuencia de movimientos a diseñar.

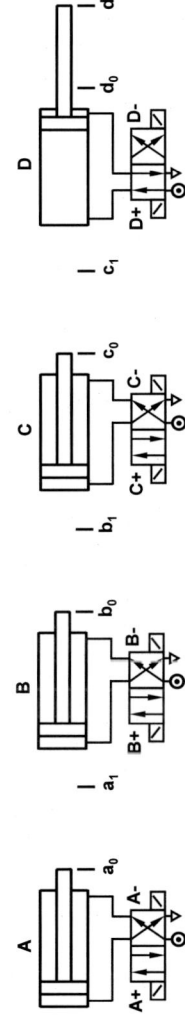

Figura 9.2. Representación de la parte neumática del circuito

Diseño del circuito eléctrico

En la Figura 9.3 se representa el diseño del circuito eléctrico de mando, funcionando a 24 V cc, y en la Figura 9.4 se representa el circuito eléctrico de potencia, funcionando a 220 V ca.

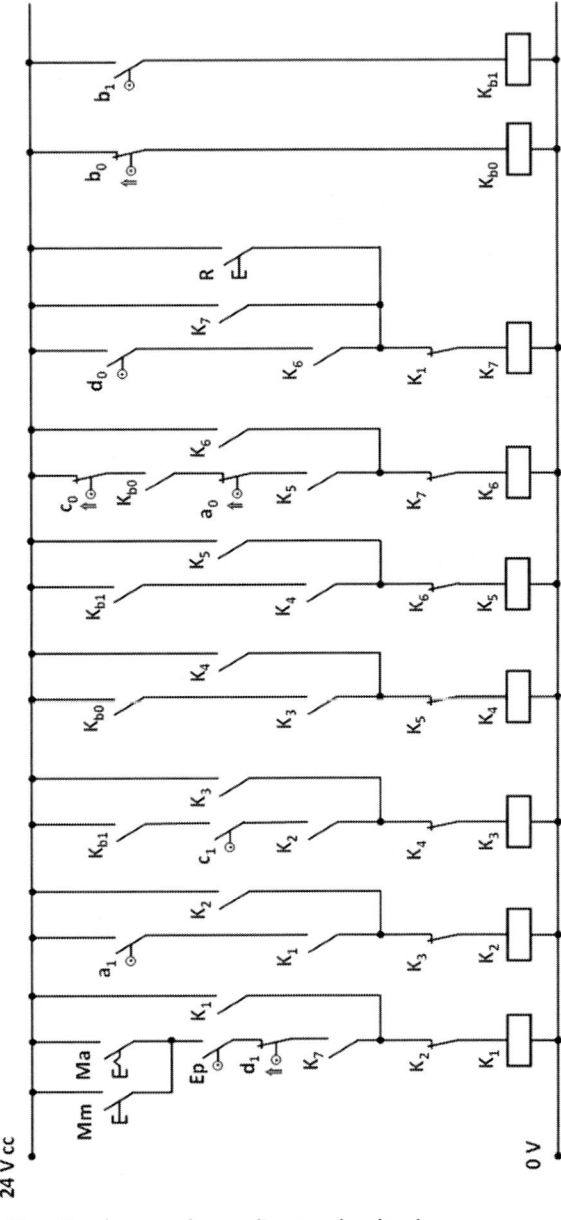

Figura 9.3. Circuito de mando mediante el método paso a paso eléctrico

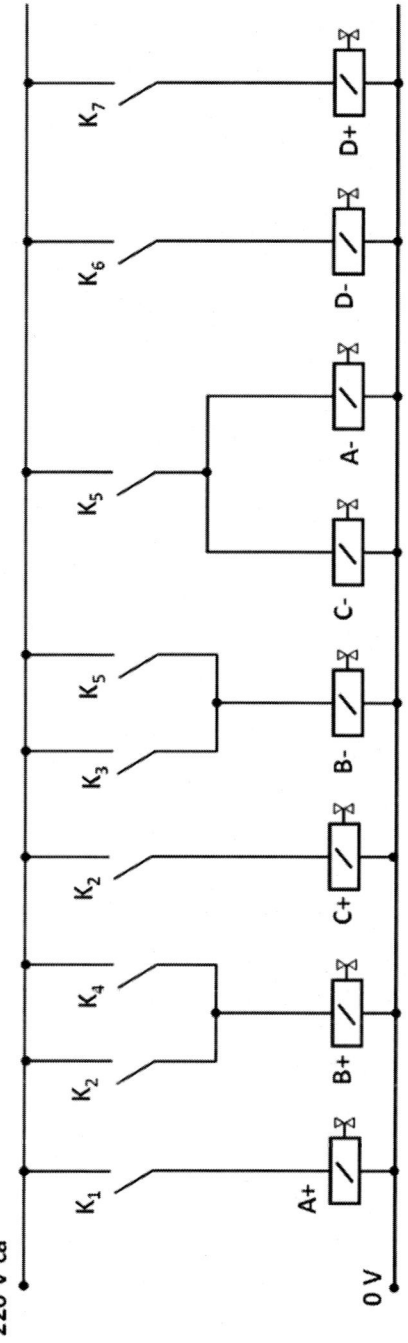

Figura 9.4. Circuito eléctrico de potencia

Ejercicio 10. Ejecución de un taladro sobre una pieza

En un proceso de fabricación se va a diseñar la automatización electroneumática de una parte del trabajo consistente en la ejecución de un taladrado sobre una pieza. Para ello se dispondrá de los siguientes elementos de trabajo:

Cilindro *A* de simple efecto: Sujeción de la pieza.

Cilindro *B* de doble efecto: Avance y retroceso del cabezal de taladrado.

Motor *M* de un solo sentido de giro: Movimiento giratorio de la broca.

Cilindro *C* de doble efecto: Expulsión de la pieza una vez se ha efectuado el taladrado.

La alimentación de piezas al puesto de taladrado se efectuará por medio de una cinta transportadora. Una vez la pieza en su posición, detectada por un final de carrera *Ep* que comprueba la existencia de la pieza, y pulsando el operario un pulsador de puesta en marcha *Mm*, la secuencia de movimientos a realizar será la siguiente:

1) Sujeción de la pieza.
2) Avance lento del cabezal de taladrado simultáneamente con el giro de la broca.
3) Retroceso del cabezal de taladrado simultáneamente con el giro de la broca.
4) Soltado de la pieza.
5) Expulsión lenta de la pieza hacia la cinta transportadora que la llevará a la siguiente fase del proceso.

Representar de forma aproximada el diagrama de tiempos de esta secuencia de movimientos y diseñar el circuito electroneumático necesario para automatizar esta parte del proceso. La secuencia de movimientos solamente podrá repetirse una vez haya finalizado el ciclo anterior y se detecte la existencia de una nueva pieza en el puesto de taladrado.

Añadir al diseño un pulsador de funcionamiento automático *Ma* que, si se desea, permita que se efectúe la secuencia de movimientos sobre cada una de las piezas que lleguen sin la intervención del operario.

Solución

Secuencia de movimientos

$$\left\{\begin{matrix} Mm\ o\ Ma \\ Ep \end{matrix}\right\} \rightarrow A+,\left\{\begin{matrix} B+ \\ M+ \end{matrix}\right\}, B-,\left\{\begin{matrix} A- \\ M- \end{matrix}\right\}, C+, C-$$

Diagrama de tiempos

El diagrama de tiempos de este ejercicio se representa de forma aproximada en la Figura 10.1.

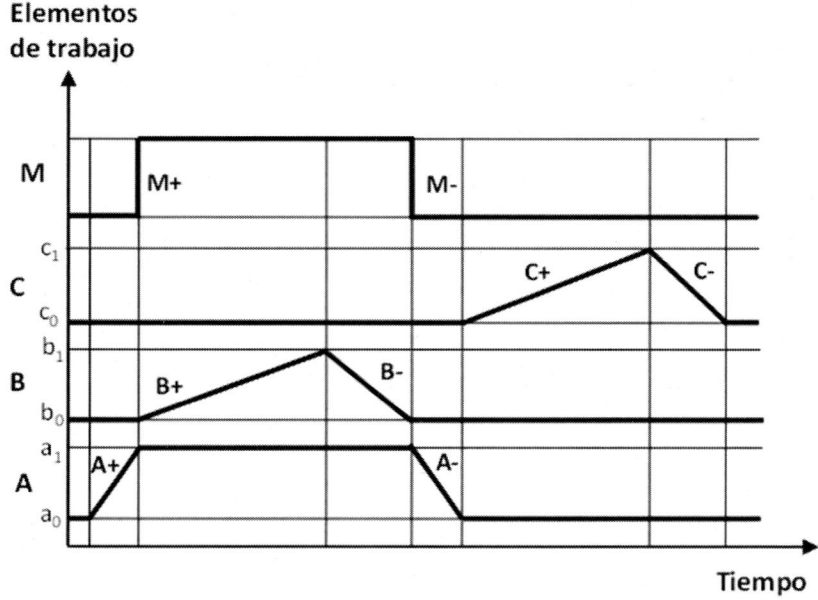

Figura 10.1. Diagrama de tiempos

Representación de la parte neumática del circuito

La parte neumática del circuito se representa en la Figura 10.2.

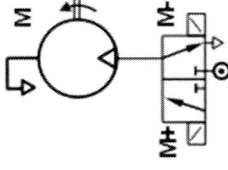

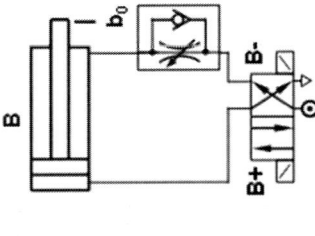

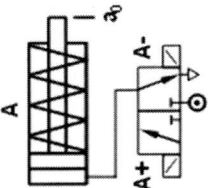

Figura 10.2. Representación de la parte neumática del circuito

Diseño del circuito eléctrico

En la Figura 10.3 se representa el diseño del circuito eléctrico de mando, funcionando a 24 V cc, y en la Figura 10.4 se representa el circuito eléctrico de potencia, funcionando a 220 V ca.

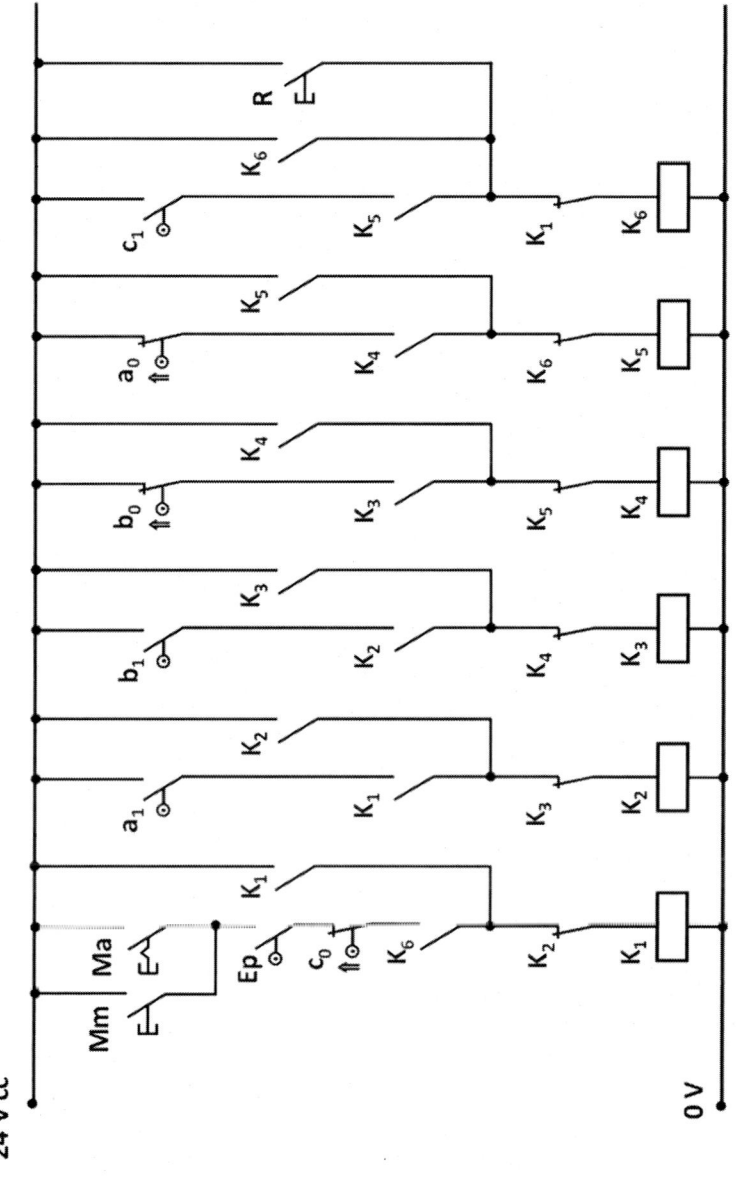

Figura 10.3. Circuito de mando mediante el método paso a paso eléctrico

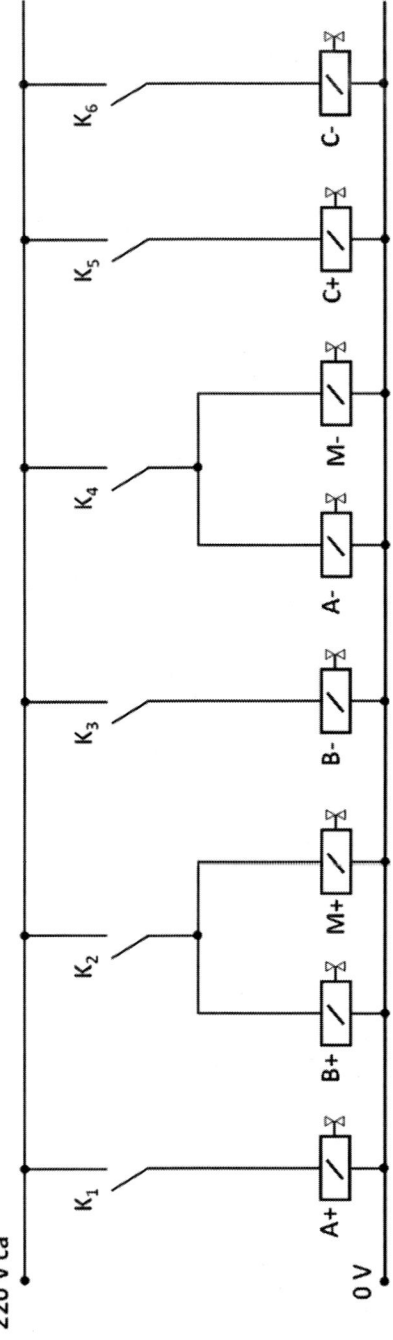

Figura 10.4. Circuito eléctrico de potencia

Ejercicio 11. Vaciado automático de cajas por volteo

La materia prima utilizada en un proceso industrial llega en cajas abiertas a la terminal de descarga, las cuales se depositan sobre una cinta transportadora que las conduce hasta una bancada desde donde se vaciarán al interior de la tolva de alimentación del proceso. Para la automatización electroneumática del vaciado de las cajas se va a disponer de los siguientes elementos de trabajo:

Cilindro *A* de doble efecto: acciona el tope que impide el paso de una nueva caja a la bancada cuando una de ellas se esté vaciando.

Cilindro *B* de simple efecto: sujeta la caja a la bancada.

Motor *M* de giro limitado: hace girar 180º la bancada para vaciar la caja sobre la tolva.

Cilindro *C* de doble efecto: arrastra la plataforma que recogerá la caja vacía.

Cilindro *D*: empuja la caja vacía para depositarla sobre la cinta transportadora de retirada de cajas.

Cuando una caja llega a la bancada y acciona un final de carrera *Ep* que detecta su existencia, y pulsando el operario un pulsador *Mm* de puesta en marcha (marcha manual), la secuencia de movimientos a realizar será la siguiente:

1) Avance del tope.
2) Sujeción de la caja a la bancada.
3) Volteo lento de la bancada 180º para vaciar la caja sobre la tolva.
4) Espera de 10 s para que se vacíe totalmente la caja.
5) Avance de la plataforma de recogida de la caja vacía.
6) Soltado de la caja que se deposita, en posición invertida, sobre la plataforma.
7) Retroceso lento de la plataforma para retirada de la caja vacía.
8) Retorno de la bancada a su posición inicial, a la vez que se empuja la caja vacía hacia la cinta transportadora de retirada de cajas.
9) Retirada del tope para recibir una nueva caja.

Representar de forma aproximada el diagrama de tiempos de esta secuencia de movimientos y diseñar el circuito electroneumático necesario para automatizar este proceso, incluyendo la parte neumática y la parte eléctrica. Se admitirán movimientos simultáneos cuando ello sea posible. La secuencia de movimientos solamente podrá repetirse una vez finalizado el ciclo anterior, y se detecte la existencia de una nueva caja sobre la bancada.

Añadir al diseño un pulsador de funcionamiento automático *Ma* que, si se desea, permita que se efectúe la secuencia de movimientos sobre cada una de las cajas que lleguen sin la intervención del operario.

Solución

Secuencia de movimientos

$$\begin{Bmatrix} Mm \; o \; Ma \\ Ep \end{Bmatrix} \to A+, B+, M+ \text{(lento)}, \text{(10 s)} \; C+, B-, C- \text{(lento)} \begin{array}{c} M- \\ D+, D- \end{array} A-$$

Diagrama de tiempos

El diagrama de tiempos de este ejercicio se representa de forma aproximada en la Figura 11.1.

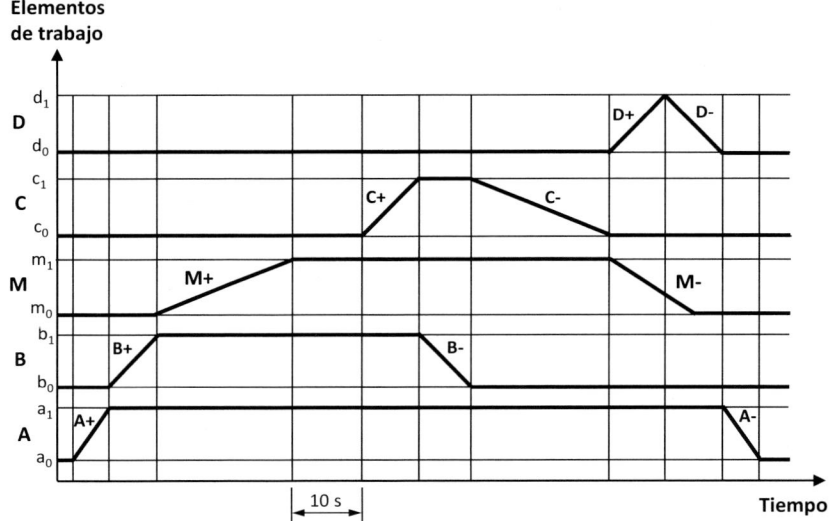

Figura 11.1. Diagrama de tiempos

Representación de la parte neumática del circuito

La parte neumática del circuito se representa en la Figura 11.2.

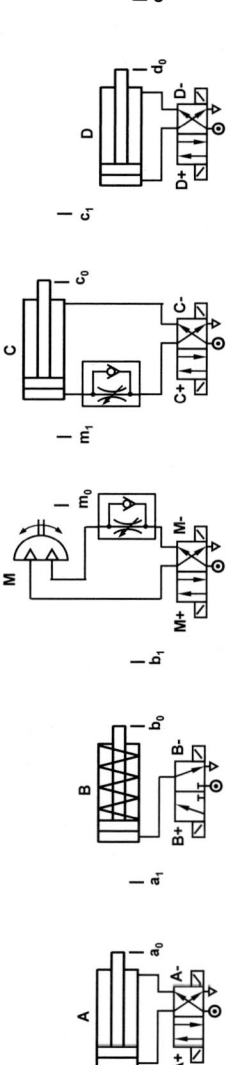

Figura 11.2. Representación de la parte neumática del circuito

Diseño del circuito eléctrico

En la Figura 11.3 se representa el diseño del circuito eléctrico de mando, funcionando a 24 V cc, y en la Figura 11.4 se representa el circuito eléctrico de potencia, funcionando a 220 V ca.

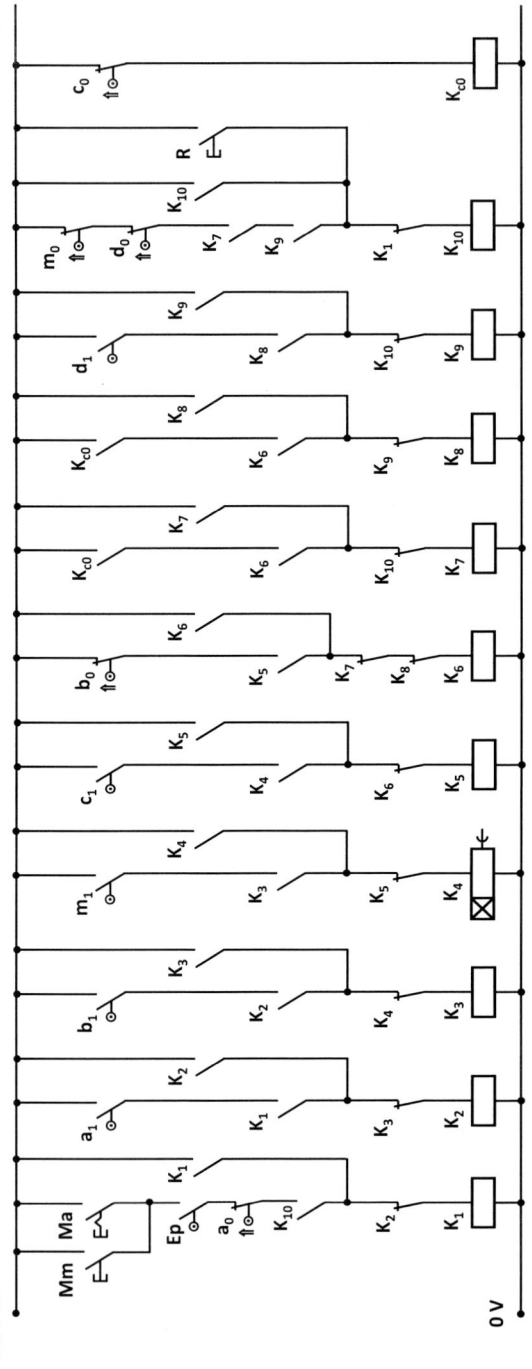

Figura 11.3. Circuito de mando mediante el método paso a paso eléctrico

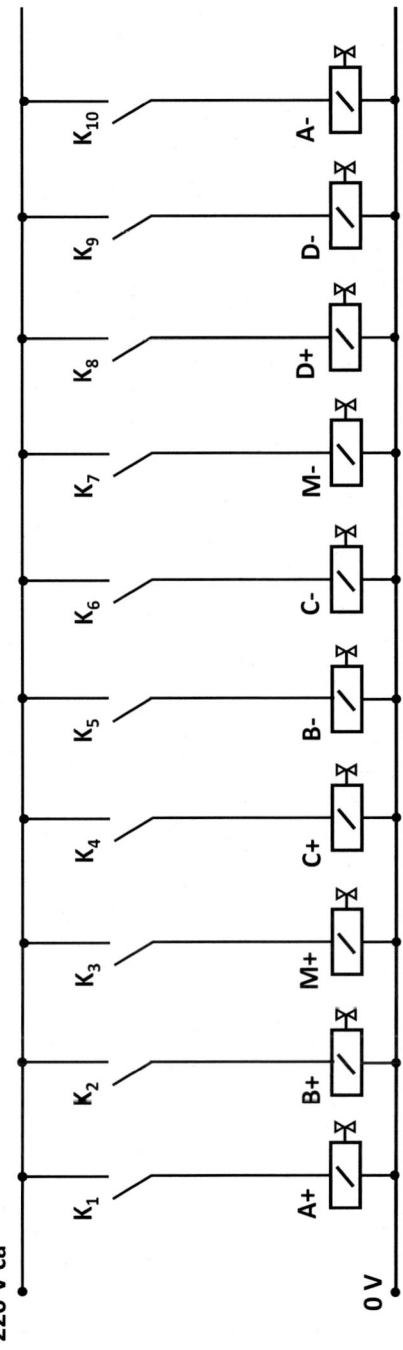

Figura 11.4. Circuito eléctrico de potencia

Como se observa en la Figura 11.3, la espera de 10 s para que se vacíe la caja se consigue mediante la bobina *K4* del relé del paso 4, la cual es una bobina con retardo a la conexión. De esta manera, realizado el movimiento *M+* mediante el paso 3, se accionará el final de carrera *m1*, el cual activará el paso 4. Pero el movimiento *C+* tardará en iniciarse el tiempo al que se haya programado el retardo de la bobina *K4*, el cual será de 10 s.

Diseño electrohidráulico. Método paso a paso

Ejercicio 12. Elevación y volteo de culatas de motores de explosión

En un proceso de mecanizado de culatas de motores de explosión, éstas, con la cara superior ya mecanizada, llegan por una cinta transportadora a una estación que les dará un giro de 180º según un eje horizontal a la vez que las eleva a otra cinta transportadora superior, alineada con la primera, la cual alimenta la máquina de mecanizado de la cara inferior. El funcionamiento de esta estación se automatizará por medio de los siguientes elementos de trabajo oleohidráulicos:

Cilindro *A*, de doble efecto, en posición vertical descendente, el cual evita la entrada de una nueva culata a la estación de trabajo mientras se está actuando sobre una de ellas.

Cilindro *B*, de doble efecto, en posición horizontal, para sujeción de la culata que llega desde la cinta transportadora inferior.

Cilindro *C*, de doble efecto, en posición vertical ascendente, para elevación de la bancada donde se sujeta la culata.

Motor *M*, de giro limitado a 180º, para volteo de la bancada alrededor del eje horizontal.

Cilindro *D*, de doble efecto, en posición horizontal, para desplazamiento de la bancada elevada y volteada con objeto de depositar la culata al extremo inicial de la cinta transportadora superior.

Las posiciones extremas, tanto del vástago de los cilindros como del motor de giro limitado, se detectarán por medio de los correspondientes finales de carrera eléctricos. Cada elemento de trabajo se accionará mediante una válvula distribuidora de 4 orificios y 3 posiciones de trabajo, con accionamiento eléctrico y centrada por muelles.

Con todo ello, determinar la secuencia de movimientos de los elementos de trabajo para automatizar el funcionamiento de la estación de elevación y volteo. Esta secuencia de movimientos se deberá iniciar cuando exista una culata sobre la bancada, la cual se detectará por medio del final de carrera *Ep*, a la vez que se pulsa un pulsador de marcha manual *Mm* o se encuentra accionado un pulsador de marcha automática *Ma*. Simultanear los movimientos cuando ello sea posible.

Diseñar el circuito electrohidráulico necesario para automatizar el proceso descrito.

Solución

Secuencia de movimientos

$$\left\{ \begin{matrix} Mm\ o\ Ma \\ Ep \end{matrix} \right\} \rightarrow A+, B+, \left\{ \begin{matrix} C\ + \\ M\ + \end{matrix} \right\}, D+, B-, D-, \left\{ \begin{matrix} C\ - \\ M\ - \end{matrix} \right\}, A-$$

Representación de la parte oleohidráulica del circuito

De cara a definir la parte oleohidráulica del circuito a diseñar, hay que tener en cuenta que las válvulas de potencia de los elementos de trabajo serán válvulas distribuidoras de cuatro orificios y tres posiciones de trabajo. En la posición central de estas válvulas, la conexión de presión estará cerrada, y las dos utilizaciones se conectarán a tanque. En estas condiciones, y si no se añaden al circuito elementos complementarios, en la posición central de las válvulas de potencia el vástago de cada uno de los cilindros y el motor de giro limitado quedarán sin bloquear y podrán tener movimiento libre.

Sin embargo, en el circuito a diseñar, y en la posición central de las válvulas de potencia, determinados elementos de trabajo deberán estar bloqueados. En concreto, y como se deduce de la Figura 12.1 la cual representa la parte oleohidráulica del circuito a diseñar, estas situaciones serán:

- Cilindro *A*, en posición vertical y salida de vástago descendente. El vástago de este cilindro deberá estar bloqueado en su posición superior (vástago dentro), lo que evitará su salida libre y su posible interacción con la nueva culata que llegue por la cinta transportadora. El bloqueo se consigue mediante un antirretorno pilotado conectado a la cámara anterior del cilindro.
- Cilindro *B*, en posición horizontal. El vástago deberá estar bloqueado en su posición de vástago fuera, para sujetar adecuadamente la culata y que ésta no se mueva durante el volteo. El bloqueo se consigue mediante un antirretorno pilotado conectado a la cámara posterior del cilindro.
- Cilindro *C* en posición vertical y salida de vástago ascendente. El vástago deberá estar bloqueado en su posición de vástago fuera, soportando el peso de la culata y de la bancada de trabajo. El bloqueo se consigue mediante una válvula de secuencia conectada a la cámara posterior del cilindro, la cual evita, además, la caída libre de la bancada, con o sin carga, en el movimiento de entrada del vástago.
- Motor *M* de giro limitado. Este motor deberá estar bloqueado en cualquier posición en que se encuentre parado, lo cual se consigue mediante un antirretorno pilotado doble conectado entre el motor y la válvula de potencia.
- Cilindro *D*, en posición horizontal. Como este cilindro solamente se utiliza para empujar la bancada una vez elevada y volteada, no es necesario bloquear su vástago en ninguna de sus posiciones.

Teniendo en cuenta estas consideraciones, en el circuito de mando necesario para automatizar el proceso, elaborado mediante el método paso a paso eléctrico, cada paso se desactivará cuando se active el paso siguiente, lo que llevará a la posición de reposo la válvula de potencia accionada por el paso que se desactiva.

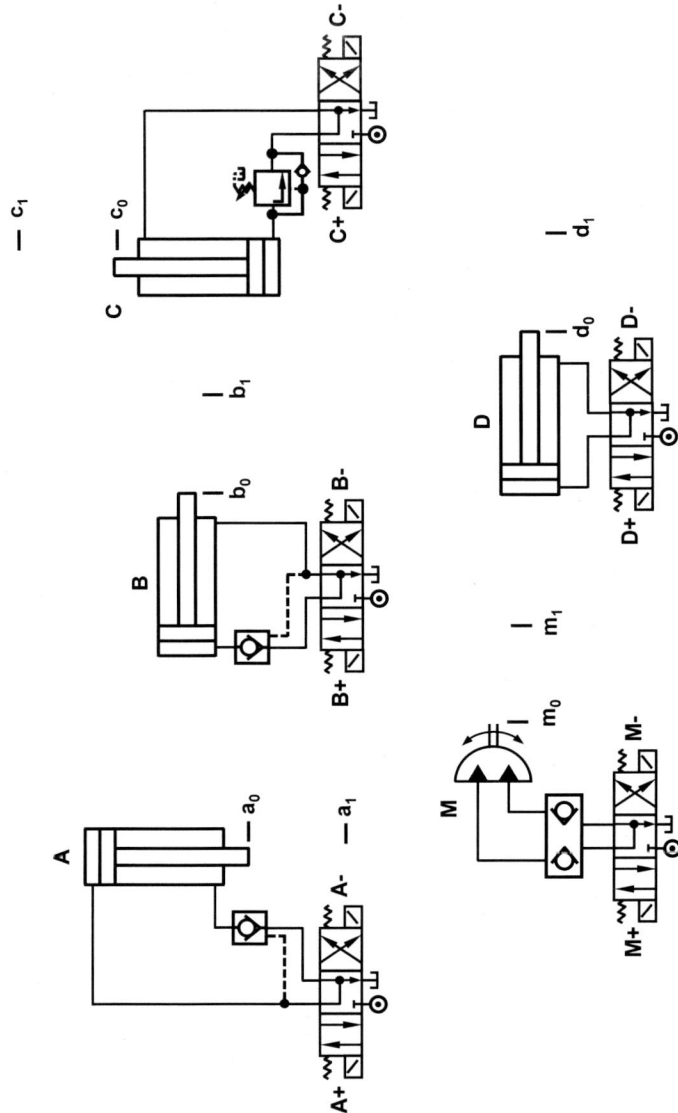

Figura 12.1. Representación de la parte oleohidráulica del circuito

Consideraciones respecto del circuito de mando eléctrico

Como se ha indicado, el vástago de cada uno de los cilindros *A*, *B* y *C* deberá estar bloqueado en su posición de vástago dentro o fuera, según el caso. Dicho bloqueo se conseguirá, en este circuito, mediante el correspondiente antirretorno pilotado en los cilindros *A* y *B*, y mediante una válvula de secuencia en el cilindro *C* (Figura 12.1).

En la Figura 12.2 se presenta el circuito de mando eléctrico diseñado, donde cada paso que se activa habilita el paso siguiente y desactiva el anterior, además de ordenar el correspondiente movimiento de la secuencia. Respecto de este diseño cabe hacer las siguientes consideraciones:

- El movimiento *B+* se realizará al activarse el paso 2, cuyo relé *K2* se autoenclava. Realizado este movimiento se acciona el final de carrera b_1, el cual activará el paso 3.

- Al activarse el paso 3, y si la bobina del relé *K3* fuese convencional, en ese momento se desactivaría el paso 2, la señal *B+* desaparecería, la válvula de potencia del cilindro *B* tomaría la posición central, y el vástago de este cilindro quedaría bloqueado por el correspondiente antirretorno pilotado.

- Pero puede ocurrir que, al accionar el final de carrera b_1 y desaparecer la orden *B+*, el vástago del cilindro *B* aún no haya llegado a sujetar la culata. O bien que, cuando la culata esté ya sujeta, y como el vástago del cilindro *B* ya no podrá avanzar más, el final de carrera b_1 no llegue a ser accionado. En el primer caso el vástago *B*, bloqueado, no sujetará adecuadamente la culata durante el resto de movimientos de la secuencia, con el consiguiente peligro de accidente. Y en el segundo caso, la secuencia de movimientos se detendrá al final del movimiento *B+*.

- Este problema se puede solucionar haciendo que la bobina del relé *K3* sea con retardo a la conexión, y que el final de carrera b_1 esté situado ligeramente antes de la posición de la cabeza del vástago *B* en que sujeta la culata. De esta manera, durante el movimiento *B+* con el paso 2 activo, cuando el vástago *B* accione el final de carrera b_1 se activará el paso 3, la bobina *K3* retardará unos segundos su conexión, y durante este tiempo la orden *B+* continuará activa. Con ello el vástago *B* llegará a sujetar la culata, y cuando se conecte la bobina *K3* se desactivará el paso 2, desaparecerá la orden *B+*, se bloqueará el vástago *B*, y la culata quedará sujeta hasta que se active el paso 5 que ordena el movimiento *B-*.

- Por todo ello, el retardo a la conexión de la bobina *K3* será de unos pocos segundos, lo que tendría poca influencia en la duración total del ciclo de trabajo.

- La necesidad de disponer una bobina con retardo a la conexión no se presenta en el resto de pasos, pues en ninguno de ellos se produce sujeción de pieza.

El circuito eléctrico de potencia de este ejercicio se representa en la Figura 12.3.

Ejercicios resueltos de diseño de circuitos oleohidráulicos y neumáticos

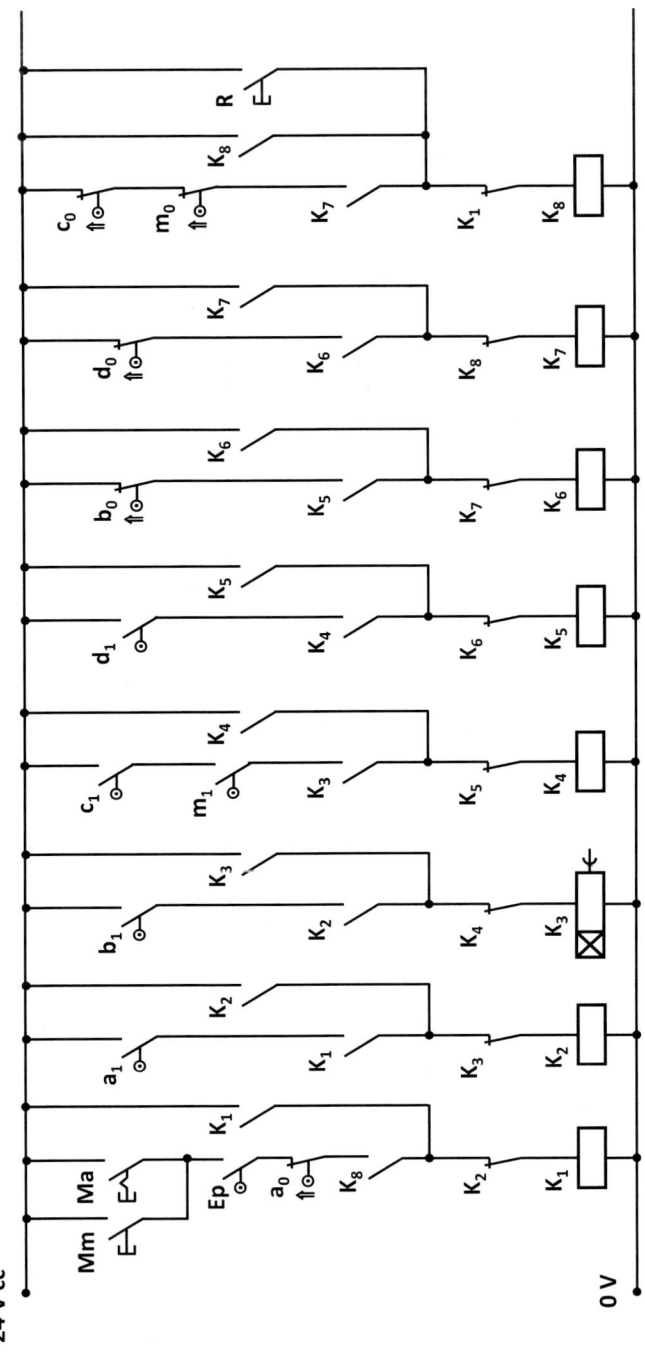

Figura 12.2. Circuito de mando mediante el método paso a paso eléctrico

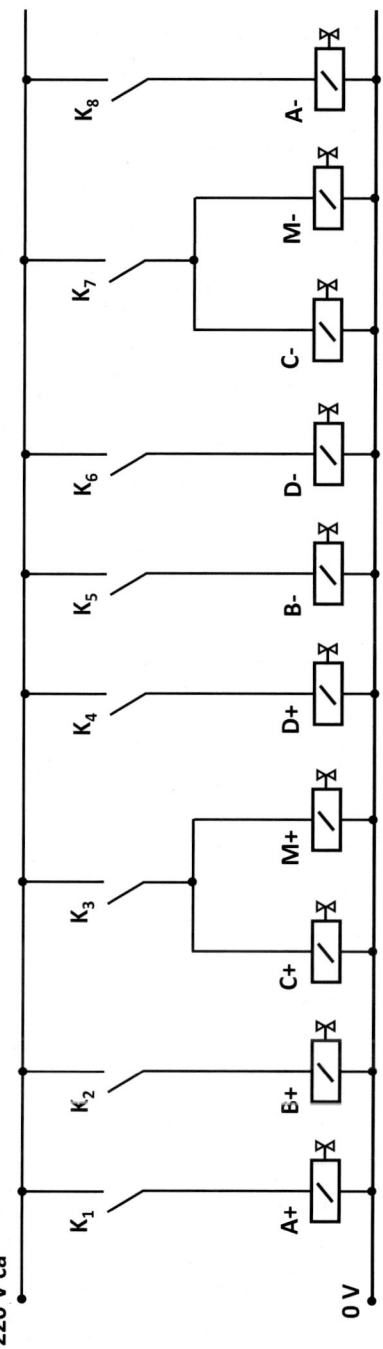

Figura 12.3. Circuito eléctrico de potencia

Ejercicio 13. Conformado de piezas diferentes

Se va a automatizar por medio de un sistema electrohidráulico la operación de conformado de piezas en una de sus fases de fabricación. Estas piezas admiten una variante en su configuración, de manera que las del tipo 1 disponen de una determinada pestaña, y las del tipo 2 no disponen de dicha pestaña. Para detectar que una pieza, en la posición de conformado, sea de uno u otro tipo, se ha dispuesto un final de carrera *Tp* de manera que, si es del tipo 1, *Tp* estará accionado por medio de la pestaña, y si es del tipo 2, *Tp* estará sin accionar. Utilizando los cilindros de doble efecto *A*, *B*, *C* y *D*, el ciclo de trabajo a automatizar, accionando un pulsador manual de puesta en marcha *Mm*, es el siguiente:

1ª parte: *A+*, *B+*

2ª parte: Si la pieza es del tipo 1 (*Tp* accionado): *C+*, *C-*

Si la pieza es del tipo 2 (*Tp* sin accionar): *D+*, *D-*

3ª parte: *B-* y *A-* simultáneamente

Los cilindros *A* y *B* se utilizarán para sujetar la pieza, uno en dirección transversal (horizontal) y otro en dirección vertical, por lo que el vástago de cada uno de estos cilindros deberá estar bloqueado durante todo el proceso de conformado. Cada cilindro se accionará mediante una válvula distribuidora de 4 orificios y 3 posiciones de trabajo, con accionamiento eléctrico en ambos sentidos, centrada por muelles, y centro con las utilizaciones conectadas a tanque.

Diseñar el circuito electrohidráulico necesario para conseguir esta secuencia de movimientos, utilizando para ello el método paso a paso. Añadir al circuito un pulsador de emergencia *Em* el cual, al ser accionado, haga entrar el vástago del cilindro *C* o del *D*, dependiendo del tipo de pieza, y a continuación el del cilindro *B* y luego el del *A*.

Solución

Secuencia de movimientos en modo manual:

$$Mm \rightarrow A+, B+ \underset{\overline{Tp}}{\overset{Tp}{<}} \begin{matrix} C+, C- \\ D+, D- \end{matrix} > \begin{Bmatrix} B- \\ A- \end{Bmatrix}$$

Secuencia de movimientos de emergencia:

$$Em \rightarrow \begin{Bmatrix} C- \\ D- \end{Bmatrix}, B-, A-$$

Representación de la parte oleohidráulica del circuito

La parte oleohidráulica del circuito se representa en la Figura 13.1. Según se desprende de esta figura, la sujeción de la pieza, con el vástago de los cilindros *A* y *B* en la posición de vástago fuera, se conseguirá por medio de la presión de bomba transmitida al interior de la cámara posterior de dichos cilindros. Por ello, durante todo el proceso de conformado las señales *A+* y *B+* deberán estar activas.

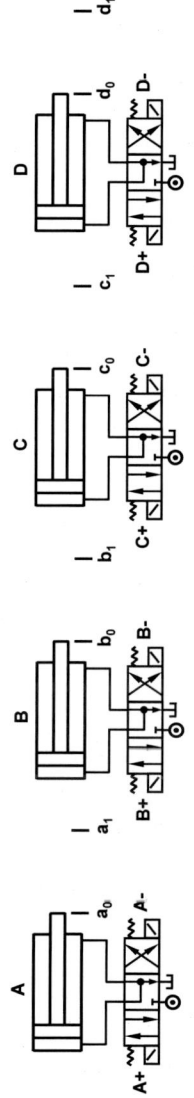

Figura 13.1. Representación de la parte oleohidráulica del circuito

Consideraciones respecto del circuito de mando eléctrico

Como se ha indicado, el vástago de cada uno de los cilindros *A* y *B* deberá estar bloqueado en su posición de vástago fuera. Dicho bloqueo se conseguirá, en este caso, manteniendo las señales *A+* y *B+* durante todo el proceso de conformado de la pieza.

En la Figura 13.2 se presenta el circuito de mando diseñado. Respecto de este diseño cabe hacer las siguientes consideraciones:

- El movimiento *A+* se realizará al activarse el paso 1, cuyo relé *K1* se autoenclava. Realizado este movimiento se activará el paso 2, el cual no deberá desactivar el paso anterior porque en caso de desactivarlo desaparecería la señal *A+*, la válvula distribuidora que gobierna el movimiento del cilindro *A* se centraría, el vástago de este cilindro quedaría libre, y la pieza se soltaría. Por ello el primer paso se desactivará al activarse el paso 7, al finalizar el movimiento *C-* o *D-* según el tipo de pieza, y previo a ordenarse el movimiento *A-*. De esta manera el vástago del cilindro *A* seguirá sujetando la pieza, mediante la presión de bomba, durante el proceso de conformado.

- A su vez, el movimiento *B+* se realizará al activarse el paso 2, el cual se desactivará al activarse el paso 7, previo a ordenarse el movimiento *B-*. Con ello, también el vástago del cilindro *B* sujetará la pieza durante el proceso de conformado.

- Por otra parte, cada uno de los pasos 3, 4, 5 y 6 (movimientos *C+*, *C-*, *D+* y *D-*) se desactivará al activarse el correspondiente paso siguiente, pues el vástago de los cilindros *C* y *D* no es necesario bloquearlos durante el proceso de conformado.

- El paso 7 se activará al finalizar el movimiento *C-* o el *D-* según el tipo de pieza, el cual desactivará el paso anterior 4 ó 6 según el caso, desactivando a su vez los pasos 1 y 2 para desbloquear el vástago de los cilindros de sujeción *A* y *B* y que éstos puedan retroceder. Pero los movimientos de retroceso *B-* y *A-* no se realizarán desde el paso 7, sino desde el 8, de manera que el paso 1 se desactivará con el paso 7 (también el paso 2), y se habilitará con el paso 8. Si los movimientos de retroceso simultáneos *B-* y *A-* se realizasen desde el paso 7 se daría la incongruencia de que el paso 1 se desactivaría y se habilitaría con el mismo paso 7, con lo cual la secuencia de movimientos no podría iniciarse porque en todo momento uno de los correspondientes contactos estaría abierto y el otro cerrado.

Circuito eléctrico de potencia

El circuito eléctrico de potencia de este ejercicio se representa en la Figura 13.3.

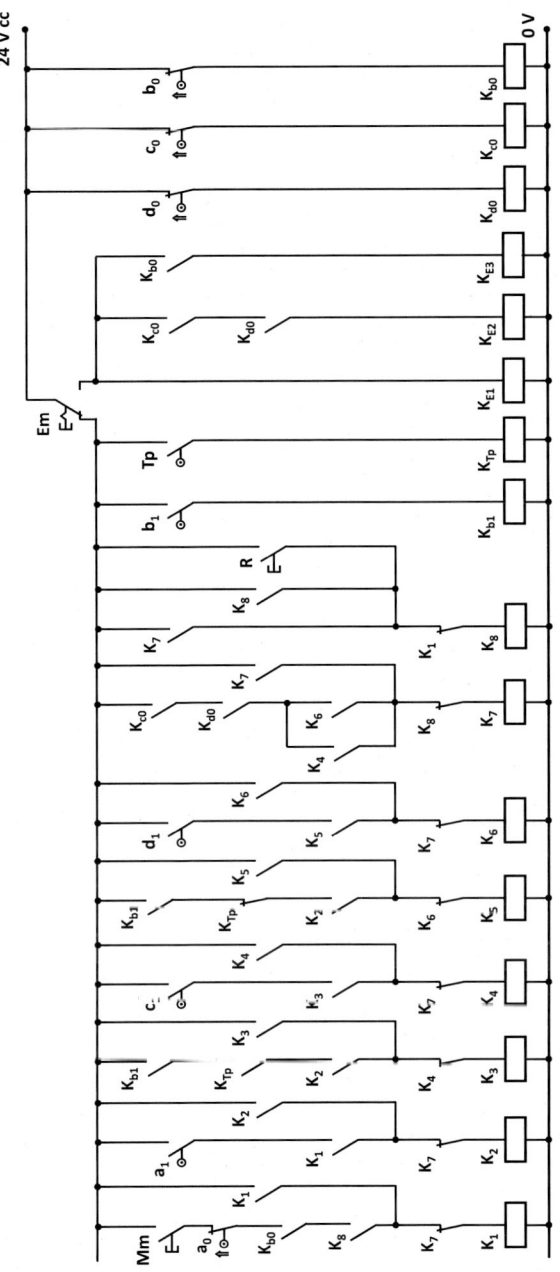

Figura 13.2. Circuito de mando mediante el método paso a paso eléctrico

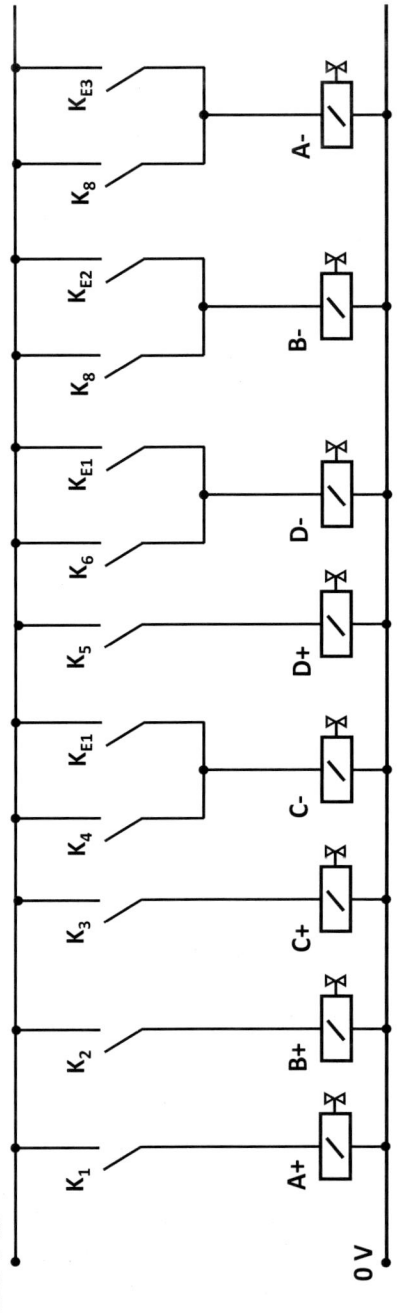

Figura 13.3. Circuito eléctrico de potencia

Solución modificada

La representación de la parte oleohidráulica del circuito, y el diseño del circuito de mando mediante el método paso a paso eléctrico que acabamos de exponer, son formalmente correctos, pero presentan un inconveniente que los hace inservibles para el objetivo que se desea conseguir. Este inconveniente está relacionado con la manera en que se bloquea el vástago de los cilindros *A* y *B*, cilindros cuya misión es sujetar la pieza durante el proceso de conformado.

En el diseño propuesto la fuerza de apriete de la pieza mediante los mencionados cilindros se consigue con la presión de bomba, excepto pérdidas, actuando sobre los correspondientes émbolos. Pero como la presión de bomba dependerá de la acción que se esté realizando en cada momento, cabe pensar que esta presión será máxima durante el movimiento *C+* (o *D+*, según el tipo de pieza), y será mínima durante el movimiento *C-* (o *D-*). De esta manera el apriete de la pieza variará, a su vez, entre un valor máximo y otro mínimo, pudiendo darse el caso de que dicha pieza se desplace, o incluso que se suelte, en algún momento del proceso de conformado.

Este problema se puede solucionar diseñando el circuito de mando eléctrico de manera que cada paso, al ser activado, desactive el paso anterior, y bloqueando el vástago de los cilindros *A* y *B* en su posición de vástago fuera cuando las correspondientes válvulas de potencia se encuentren en posición de reposo. Dicho bloqueo se consigue disponiendo un antirretorno pilotado entre el cilindro y la válvula de potencia.

En el caso que nos ocupa, las fuerzas de sujeción de la pieza durante el proceso de conformado se pueden asegurar disponiendo un antirretorno pilotado en la conexión a la cámara posterior de cada uno de los cilindros *A* y *B*, tal como se plantea para el cilindro *B* del Ejercicio 12. Sin embargo, es una práctica habitual en cilindros de sujeción de piezas la instalación de un antirretorno pilotado doble entre cilindro y válvula de potencia, tal como se plantea en el presente ejercicio.

En las Figuras 13.4 a 13.6 se indica el diseño modificado de esta automatización.

Vemos en el circuito de mando eléctrico, Figura 13.5, que en los pasos 2, 3 y 5 se han dispuesto bobinas de relé con retardo a la conexión, y cuyo retardo se regulará para unos pocos segundos. Con el retardo a la conexión de la bobina de relé *K2* se consigue que la fuerza de sujeción de la pieza mediante el cilindro *A* alcance el valor deseado tras el accionamiento del final de carrera a_1. Esto mismo ocurrirá con el cilindro *B*, mediante la bobina de relé *K3* o *K5* dependiendo del tipo de pieza, tras el accionamiento del final de carrera b_1. Posteriormente, y debido al bloqueo del vástago de los cilindros *A* y *B*, estas fuerzas de apriete se mantendrán durante todo el proceso de conformado, aunque las correspondientes válvulas de potencia se encuentren en posición de reposo.

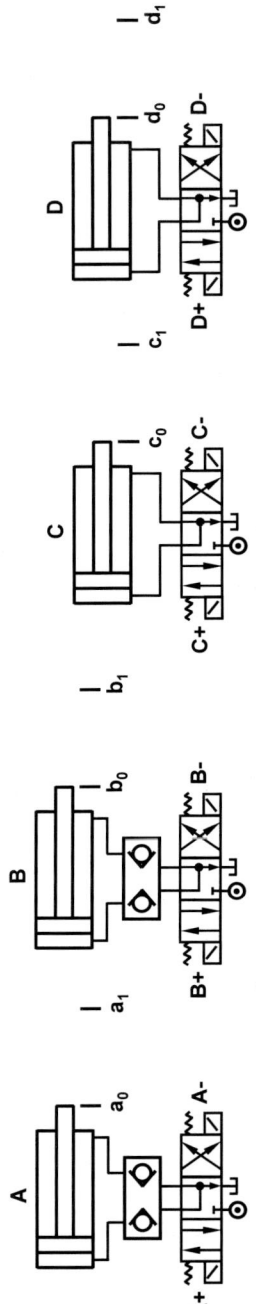

Figura 13.4. Representación de la parte oleohidráulica del circuito. Solución modificada

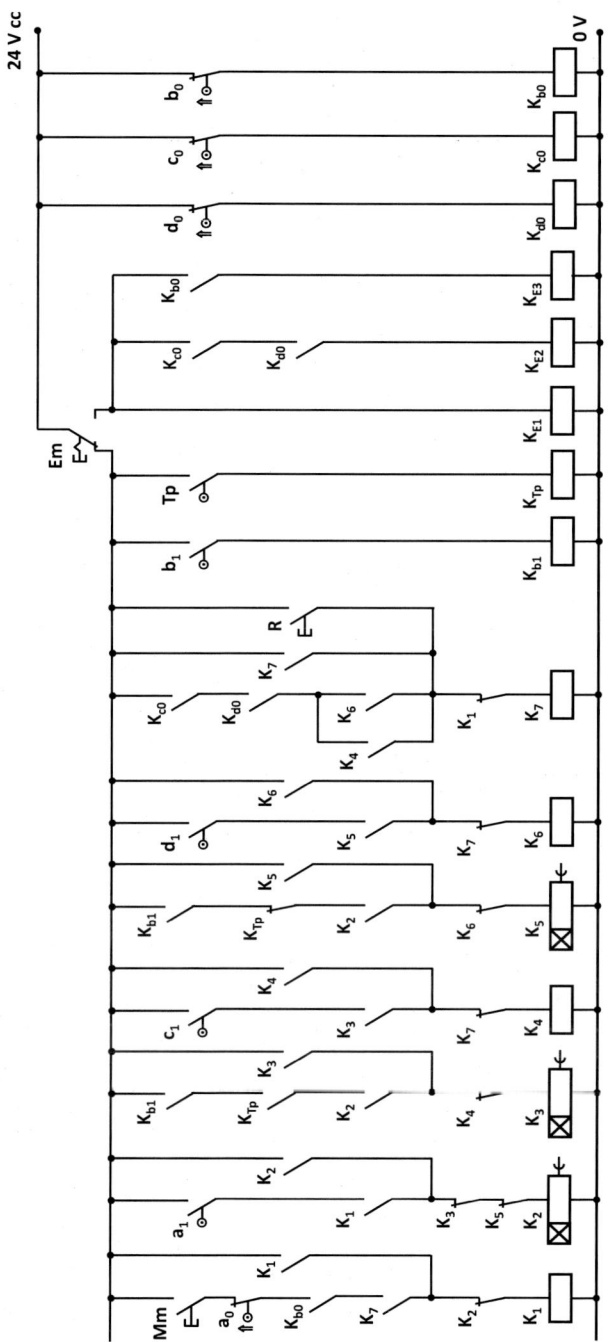

Figura 13.5. Circuito de mando mediante el método paso a paso eléctrico. Solución modificada

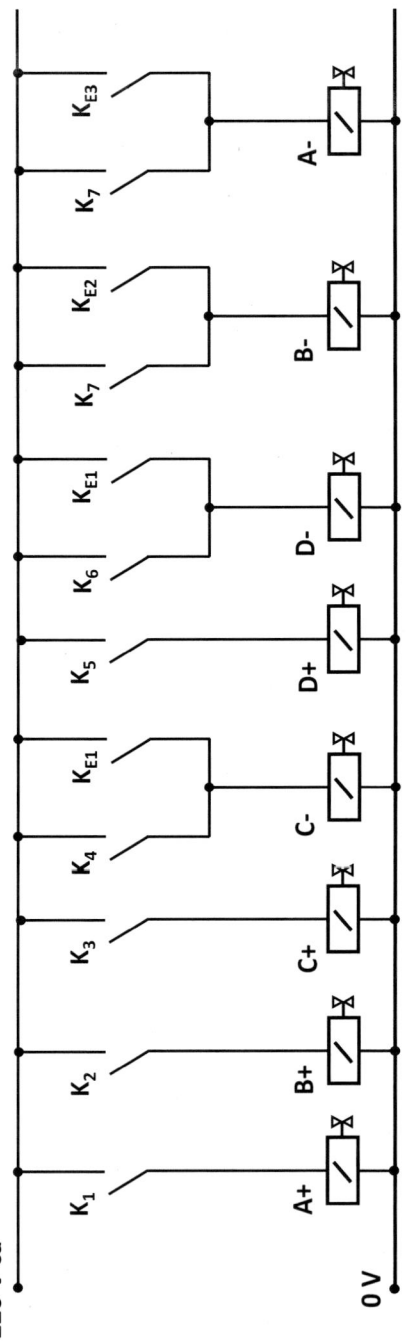

Figura 13.6. Circuito eléctrico de potencia. Solución modificada

Ejercicio 14. Conformado de piezas y retirada a un nivel superior

En un proceso industrial se va a diseñar la automatización oleohidráulica de una fase del trabajo consistente en el conformado de piezas. Estas piezas llegan a la estación de conformado por medio de una cinta transportadora de alimentación, y luego serán retiradas por medio de otra cinta transportadora a un nivel superior. Los elementos de trabajo a disponer serán los siguientes:

Cilindro *A* de doble efecto: Sujeción de la pieza.

Cilindro *B* de doble efecto: Elevación de la mesa de trabajo.

Cilindro *C* de doble efecto: Accionamiento del cabezal de conformado.

Cilindro *D* de doble efecto: Expulsión de la pieza una vez conformada.

Cuando llega una pieza a la bancada por la cinta de alimentación, ésta se detecta mediante un final de carrera eléctrico *Ep* para poner en marcha la automatización. La secuencia de trabajo es la siguiente:

1) Sujeción de la pieza.
2) Elevación lenta de la mesa de trabajo.
3) Avance lento del cabezal de conformado.
4) Espera de 30 s para realizar otras acciones.
5) Retroceso del cabezal de conformado.
6) Repetición de los movimientos 3 y 5, sin espera intermedia, para asegurar un conformado correcto.
7) Soltado de la pieza.
8) Expulsión lenta de la pieza conformada hacia la cinta transportadora superior.
9) Descenso de la mesa de trabajo.

La secuencia de movimientos deberá iniciarse de manera manual (pulsador *Mm*) o automática (pulsador *Ma* con enclavamiento), y solamente podrá repetirse una vez haya finalizado el ciclo anterior, permitiéndose entonces la entrada de una nueva pieza a la mesa de trabajo. Para ello, esta mesa irá dotada de un faldón que, al elevarse (movimiento *B+*), impedirá el paso de las posibles nuevas piezas que lleguen por la cinta transportadora de alimentación.

Representar aproximadamente el diagrama de tiempos de esta secuencia de movimientos y diseñar el circuito electrohidráulico necesario para automatizar el proceso. Se deberán simultanear movimientos de vástagos si ello es posible.

Solución

Secuencia de movimientos

$$\left\{\begin{matrix} Mm\ o\ Ma \\ Ep \end{matrix}\right\} \rightarrow A+, B + (\text{lento}), C + (\text{lento}), (30\ \text{s})\ C-, C + (\text{lento}), C-, A-, D + (\text{lento}), \left\{\begin{matrix} D\ - \\ B\ - \end{matrix}\right\}$$

Diagrama de tiempos

El diagrama de tiempos de este ejercicio se representa de forma aproximada en la Figura 14.1.

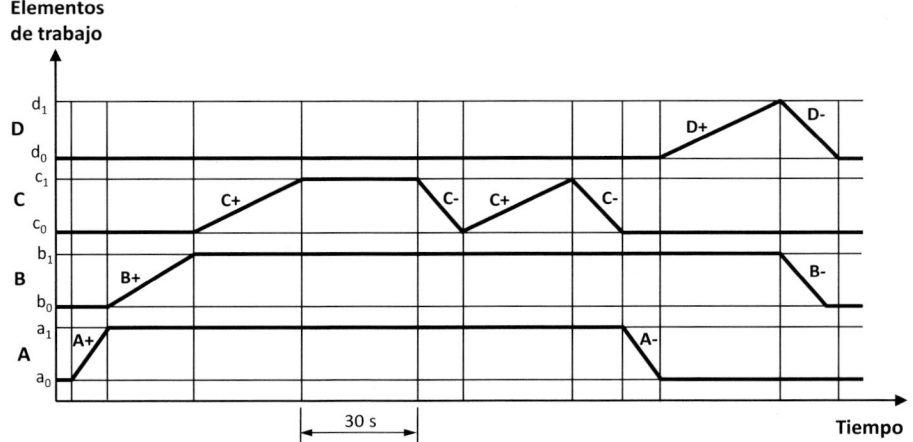

Figura 14.1. Diagrama de tiempos

Representación de la parte oleohidráulica del circuito

La parte oleohidráulica del circuito se representa en la Figura 14.2.

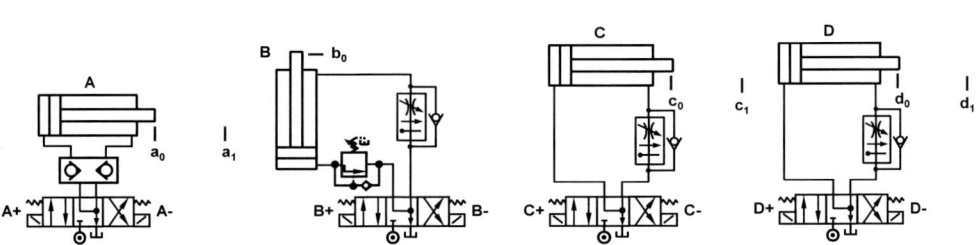

Figura 14.2. Representación de la parte oleohidráulica del circuito

Como se indica en la Figura 14.2, entre el cilindro A y su válvula de potencia se ha dispuesto un antirretorno pilotado doble cuya misión es bloquear el vástago cuando la válvula de potencia se encuentre en la posición de reposo. Ello asegura la sujeción de la pieza, tanto durante la elevación de la mesa de trabajo como durante el proceso de conformado.

Por otra parte, en el conducto que une la cámara posterior del cilindro B con una de las utilizaciones de su correspondiente válvula de potencia se ha intercalado una válvula de secuencia con antirretorno en paralelo. Durante el movimiento de avance del vástago B (movimiento de elevación de la mesa de trabajo), el aceite que llena la cámara posterior del cilindro circulará por el antirretorno, y no por la válvula de secuencia. Y cuando la mesa de trabajo se detenga al centrarse la válvula de potencia, bien porque ha llegado al final de su carrera o porque interese detenerla en posición intermedia, la válvula de secuencia evitará el retroceso libre del vástago y la correspondiente caída de la pieza.

En la misma Figura 14.2 se observa que el movimiento de avance lento de los cilindros B, C y D (movimientos B+, C+ y D+), se conseguirá mediante las correspondientes válvulas reguladoras de caudal compensadas en presión y temperatura.

Diseño del circuito eléctrico

En la Figura 14.3 se representa el diseño del circuito eléctrico de mando, funcionando a 24 V cc, y en la Figura 14.4 se representa el circuito eléctrico de potencia, funcionando a 220 V ca.

Como se observa en la Figura 14.3, la espera de 30 s para realizar diferentes acciones de conformado se consigue mediante la bobina *K4* del relé del paso 4, la cual es una bobina con retardo a la conexión. A su vez, para asegurar la presión de bomba necesaria para sujetar la pieza mediante el cilindro *A*, el retardo a la conexión de la bobina de relé del paso 2 se fijará en unos pocos segundos.

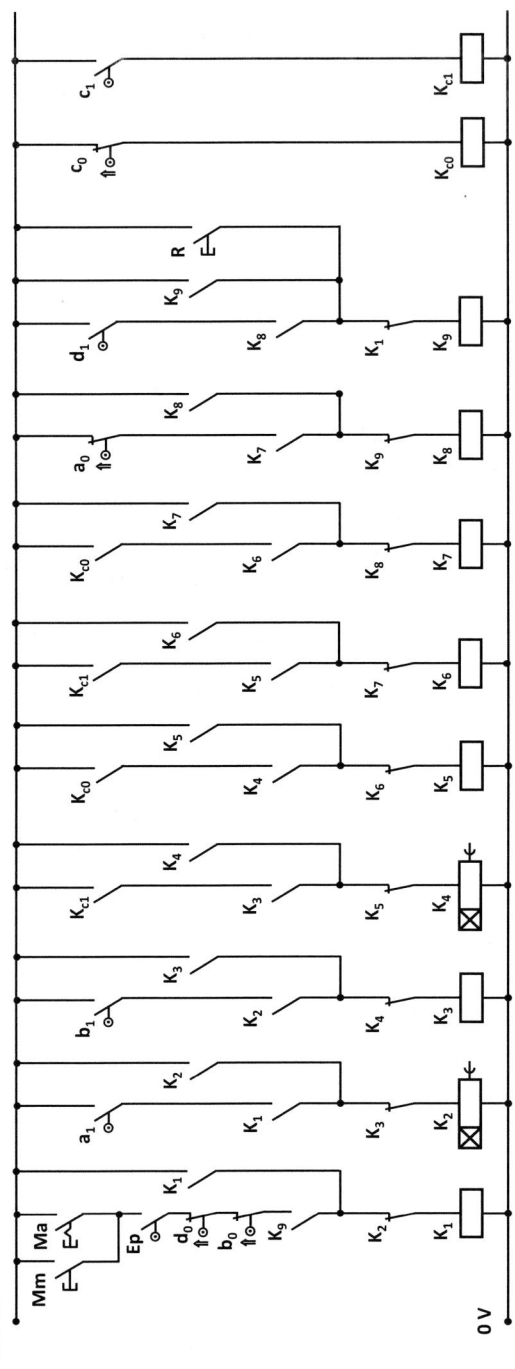

Figura 14.3. Circuito de mando mediante el método paso a paso eléctrico

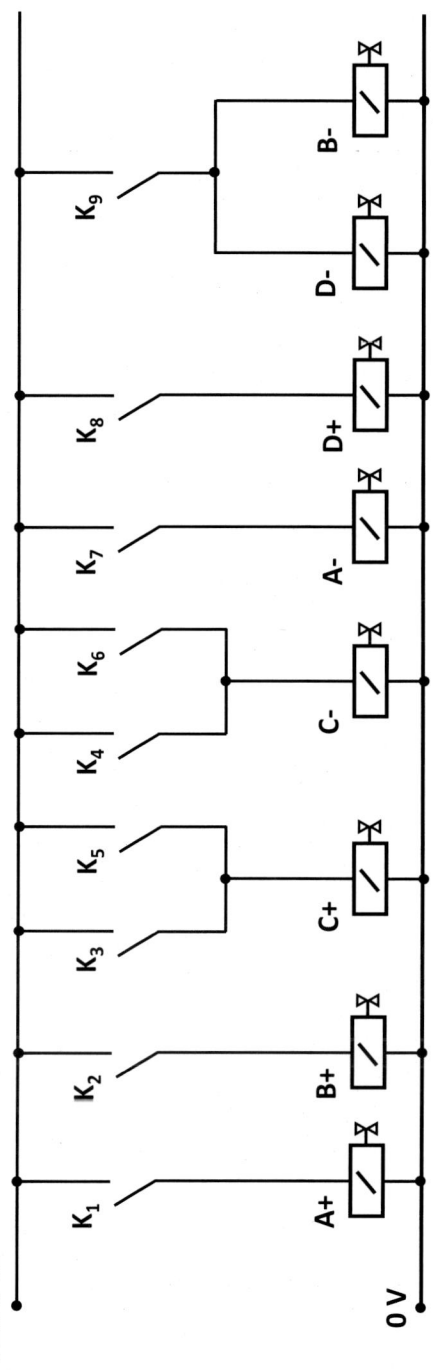

Figura 14.4. Circuito eléctrico de potencia

Diseño electroneumático mediante PLC

Ejercicio 15. Secuencia de movimientos simple

Confeccionar el programa de un PLC para controlar en una automatización electroneumática con cuatro cilindros de doble efecto, y pulsando un pulsador de puesta en marcha M, la siguiente secuencia de movimientos:

$$M \rightarrow A+, B+, C+, B-, C-, A-, D+, D-$$

Solución

Representación de la parte neumática del circuito

La parte neumática del circuito se representa en la Figura 15.1.

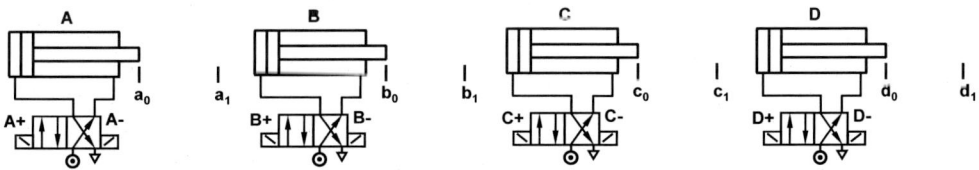

Figura 15.1. Representación de la parte neumática del circuito

Secuencia de movimientos mediante los rectángulos de Karnaugh

La secuencia de movimientos, representada mediante los rectángulos de Karnaugh, se indica en la Figura 15.2.

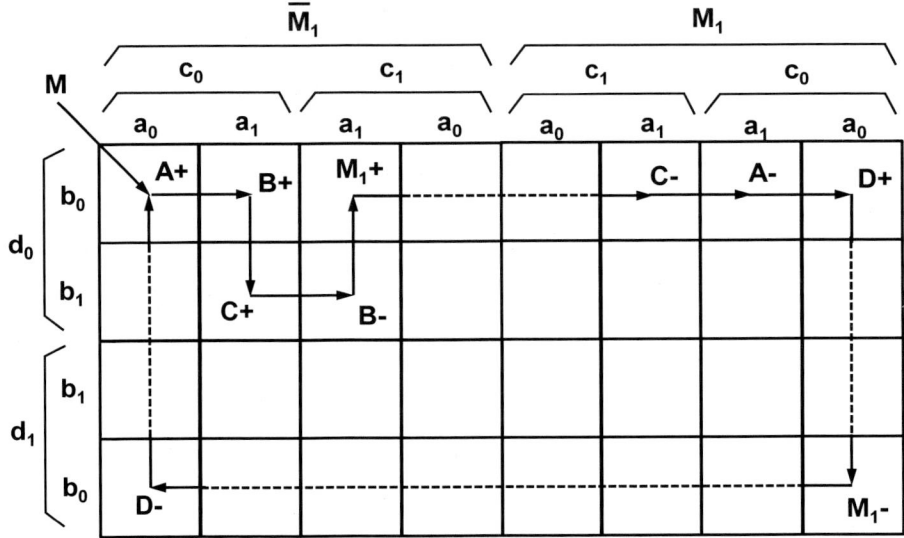

Figura 15.2. Secuencia de movimientos mediante los rectángulos de Karnaugh

Definición lógica de cada movimiento

La definición lógica de cada uno de los movimientos de la secuencia se obtiene de la Figura 15.2. De aquí resulta:

$$A+= a_0 \cdot b_0 \cdot c_0 \cdot d_0 \cdot \overline{M_1} \cdot M$$
$$B+= a_1 \cdot b_0 \cdot c_0 \cdot d_0 \cdot \overline{M_1}$$
$$C+= a_1 \cdot b_1 \cdot c_0 \cdot d_0 \cdot \overline{M_1}$$
$$B-= a_1 \cdot b_1 \cdot c_1 \cdot d_0 \cdot \overline{M_1}$$
$$M_1+= a_1 \cdot b_0 \cdot c_1 \cdot d_0 \cdot \overline{M_1}$$
$$C-= a_1 \cdot b_0 \cdot c_1 \cdot d_0 \cdot M_1$$
$$A-= a_1 \cdot b_0 \cdot c_0 \cdot d_0 \cdot M_1$$
$$D+= a_0 \cdot b_0 \cdot c_0 \cdot d_0 \cdot M_1$$
$$M_1-= a_0 \cdot b_0 \cdot c_0 \cdot d_1 \cdot M_1$$
$$D-= a_0 \cdot b_0 \cdot c_0 \cdot d_1 \cdot \overline{M_1}$$

Identificación de variables

La identificación entre las variables del PLC y las correspondientes variables del usuario se representa en la Tabla 15.1.

Tabla 15.1. Identificación de variables

PLC	Usuario	Comentarios
I0	M	Pulsador de puesta en marcha
I1	a_0	FC cilindro A vástago dentro
I2	a_1	FC cilindro A vástago fuera
I3	b_0	FC cilindro B vástago dentro
I4	b_1	FC cilindro B vástago fuera
I5	c_0	FC cilindro C vástago dentro
I6	c_1	FC cilindro C vástago fuera
I7	d_0	FC cilindro D vástago dentro
I8	d_1	FC cilindro D vástago fuera
O1	A+	Avance vástago A
O2	A-	Retroceso vástago A
O3	B+	Avance vástago B
O4	B-	Retroceso vástago B
O5	C+	Avance vástago C
O6	C-	Retroceso vástago C
O7	D+	Avance vástago C
O8	D-	Retroceso vástago C
F1	M_1	Memoria 1

Programación del PLC mediante diagrama de contactos

La programación del PLC, elaborada mediante diagrama de contactos y que permite controlar los movimientos de la secuencia, se indica en la Figura 15.3.

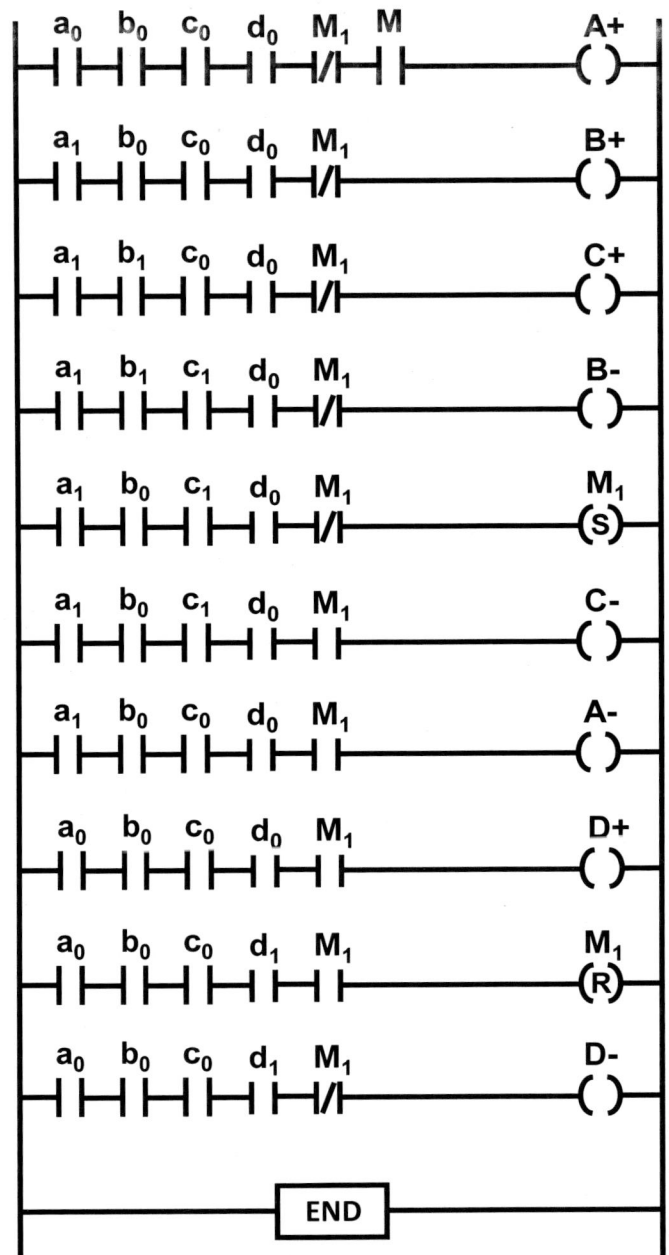

Figura 15.3. Programación del PLC mediante diagrama de contactos

Ejercicio 16. Secuencia de movimientos simple

Confeccionar el programa de un PLC para controlar en una automatización electroneumática con tres cilindros de doble efecto, y pulsando un pulsador de puesta en marcha *M*, la siguiente secuencia de movimientos:

$$M \rightarrow A+, B+, B-, C+, C-, A-$$

Añadir un pulsador de emergencia *E* que, al ser accionado, provoque la secuencia de movimientos de emergencia

$$E \rightarrow \begin{Bmatrix} B - \\ C - \end{Bmatrix}, A -$$

Solución

Representación de la parte neumática del circuito

La parte neumática del circuito se representa en la Figura 16.1.

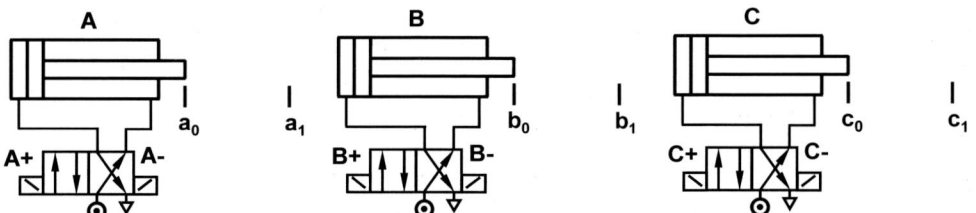

Figura 16.1. Representación de la parte neumática del circuito

Secuencia de movimientos mediante los rectángulos de Karnaugh

La secuencia de movimientos, representada mediante los rectángulos de Karnaugh, se indica en la Figura 16.2.

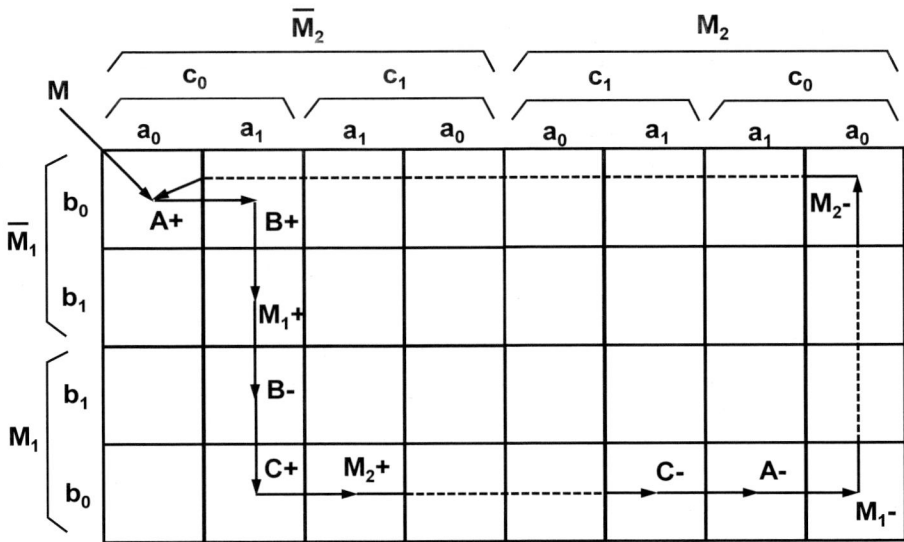

Figura 16.2. Secuencia de movimientos mediante los rectángulos de Karnaugh

Definición lógica de cada movimiento

La definición lógica de cada uno de los movimientos de la secuencia se obtiene de la Figura 16.2. De aquí resulta:

$$A+= a_0 \cdot b_0 \cdot c_0 \cdot \overline{M_1} \cdot \overline{M_2} \cdot \bar{E} \cdot M$$
$$B+= a_1 \cdot b_0 \cdot c_0 \cdot \overline{M_1} \cdot \overline{M_2} \cdot \bar{E}$$
$$M_1+= a_1 \cdot b_1 \cdot c_0 \cdot \overline{M_1} \cdot \overline{M_2} \cdot \bar{E}$$
$$B-= a_1 \cdot b_1 \cdot c_0 \cdot M_1 \cdot \overline{M_2} \cdot \bar{E} + E$$
$$C+= a_1 \cdot b_0 \cdot c_0 \cdot M_1 \cdot \overline{M_2} \cdot \bar{E}$$
$$M_2+= a_1 \cdot b_0 \cdot c_1 \cdot M_1 \cdot \overline{M_2} \cdot \bar{E}$$
$$C-= a_1 \cdot b_0 \cdot c_1 \cdot M_1 \cdot M_2 \cdot \bar{E} + E$$
$$A-= (a_1 \cdot M_1 \cdot M_2 \cdot \bar{E} + E) \cdot b_0 \cdot c_0$$
$$M_1-= a_0 \cdot b_0 \cdot c_0 \cdot M_1 \cdot M_2 \cdot \bar{E} + E$$
$$M_2-= a_0 \cdot b_0 \cdot c_0 \cdot \overline{M_1} \cdot M_2 \cdot \bar{E} + E$$

Identificación de variables

La identificación entre las variables del PLC y las correspondientes variables del usuario se representa en la Tabla 16.1.

Tabla 16.1. Identificación de variables

PLC	Usuario	Comentarios
I0	M	Pulsador de puesta en marcha
I1	a_0	FC cilindro A vástago dentro
I2	a_1	FC cilindro A vástago fuera
I3	b_0	FC cilindro B vástago dentro
I4	b_1	FC cilindro B vástago fuera
I5	c_0	FC cilindro C vástago dentro
I6	c_1	FC cilindro C vástago fuera
I7	E	Pulsador de emergencia
O1	A+	Avance vástago A
O2	A-	Retroceso vástago A
O3	B+	Avance vástago B
O4	B-	Retroceso vástago B
O5	C+	Avance vástago C
O6	C-	Retroceso vástago C
F1	M_1	Memoria 1
F2	M_2	Memoria 2

Programación del PLC mediante diagrama de contactos

La programación del PLC, elaborada mediante diagrama de contactos y que permite controlar los movimientos de la secuencia, se indica en la Figura 16.3.

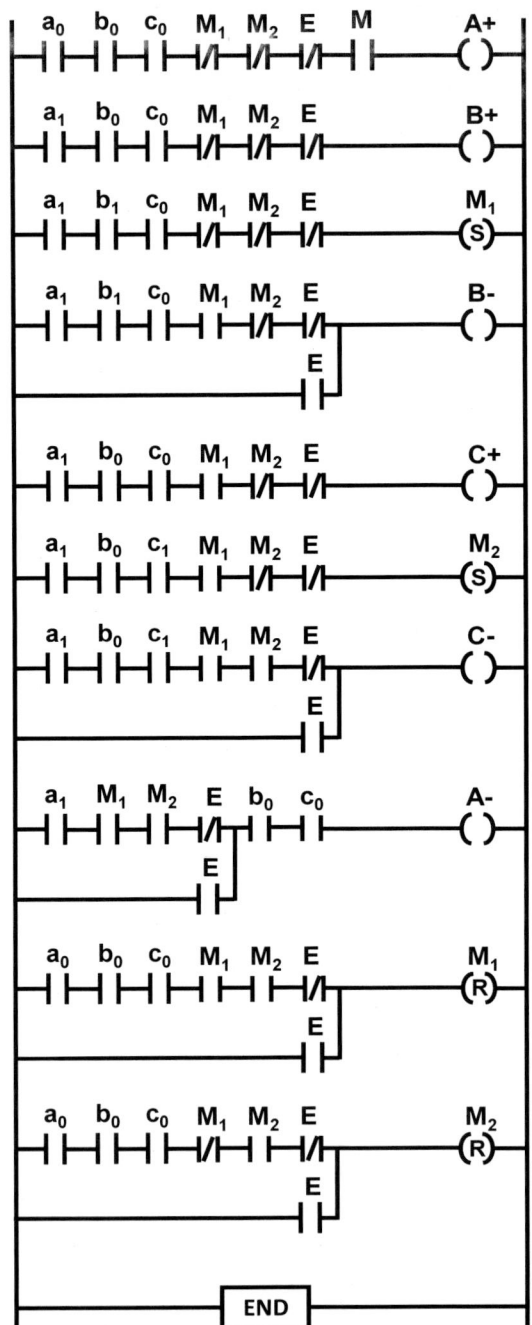

Figura 16.3. Programación del PLC mediante diagrama de contactos

Ejercicio 17. Secuencia de movimientos simple con movimientos simultáneos

En un proceso industrial, la automatización neumática de sus distintas etapas se realiza mediante tres cilindros de doble efecto, *A, B* y *C*. Para este proceso, la secuencia de movimientos a automatizar, pulsando un pulsador eléctrico de puesta en marcha *P*, es la siguiente:

$$P \rightarrow A+, \begin{Bmatrix} B+ \\ C+ \end{Bmatrix}, \begin{Bmatrix} C- \\ A- \end{Bmatrix}, B-, A+, C+, C-, A-$$

Las posiciones extremas de los vástagos de cada cilindro se detectarán por medio de los correspondientes finales de carrera eléctricos. Cada cilindro se accionará por medio de una válvula distribuidora de 4 orificios y 2 posiciones de trabajo, con accionamiento combinado por bobina y servopilotaje neumático en ambos extremos.

Diseñar por diagrama de contactos el programa de un PLC para controlar la secuencia de movimientos indicada. Determinar las condiciones para cada movimiento a partir de los rectángulos de Karnaugh.

Añadir un pulsador de emergencia *E* que, al ser accionado, ordene la secuencia de movimientos de emergencia

$$E \rightarrow C-, B-, A-$$

Solución

Representación de la parte neumática del circuito

La parte neumática del circuito se representa en la Figura 17.1.

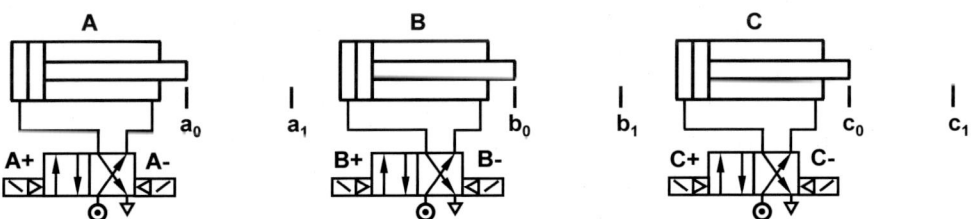

Figura 17.1. Representación de la parte neumática del circuito

Secuencia de movimientos mediante los rectángulos de Karnaugh

En los rectángulos de Karnaugh, el movimiento simultáneo de varios cilindros se representa como el conjunto de todos los casos posibles que se obtienen considerando los movimientos sucesivos de esos cilindros en cualquier orden.

Así, el movimiento simultáneo $\begin{Bmatrix} B+ \\ C+ \end{Bmatrix}$ se representa mediante los movimientos sucesivos $(B+, C+)$ por una parte, y los $(C+, B+)$ por otra. A su vez, el movimiento simultáneo $\begin{Bmatrix} C- \\ A- \end{Bmatrix}$ se representa mediante los movimientos $(C-, A-)$, y los $(A-, C-)$. Este procedimiento se aplica en la secuencia de movimientos representada en la Figura 17.2.

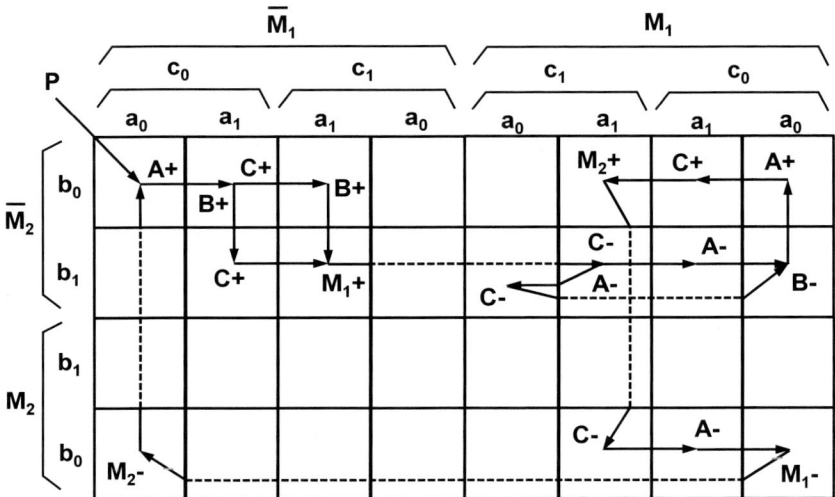

Figura 17.2. Secuencia de movimientos mediante los rectángulos de Karnaugh

Definición lógica de cada movimiento

La definición lógica de cada uno de los movimientos de la secuencia se obtiene de la Figura 17.2. De aquí resulta:

$$A+= (P \cdot \overline{M_1} + M_1) \cdot a_0 \cdot b_0 \cdot c_0 \cdot \overline{M_2} \cdot \overline{E}$$
$$B+= a_1 \cdot b_0 \cdot \overline{M_1} \cdot \overline{M_2} \cdot \overline{E}$$
$$C+= (b_0 \cdot M_1 + \overline{M_1}) \cdot a_1 \cdot c_0 \cdot \overline{M_2} \cdot \overline{E}$$
$$M_1+= a_1 \cdot b_1 \cdot c_1 \cdot \overline{M_1} \cdot \overline{M_2} \cdot \overline{E}$$
$$C-= (a_1 \cdot b_0 \cdot M_2 + b_1 \cdot \overline{M_2}) \cdot c_1 \cdot M_1 \cdot \overline{E} + E$$
$$A-= (b_0 \cdot c_0 \cdot M_2 + b_1 \cdot \overline{M_2}) \cdot a_1 \cdot M_1 \cdot \overline{E} + b_0 \cdot c_0 \cdot E$$
$$B-= (a_0 \cdot b_1 \cdot M_1 \cdot \overline{M_2} \cdot \overline{E} + E) \cdot c_0$$

$$M_2 {+}{=} a_1 \cdot b_0 \cdot c_1 \cdot M_1 \cdot \overline{M_2} \cdot \bar{E}$$
$$M_1 {-}{=} a_0 \cdot b_0 \cdot c_0 \cdot M_1 \cdot M_2 \cdot \bar{E} + E$$
$$M_2 {-}{=} a_0 \cdot b_0 \cdot c_0 \cdot \overline{M_1} \cdot M_2 \cdot \bar{E} + E$$

Identificación de variables

La identificación entre las variables del PLC y las correspondientes variables del usuario se representa en la Tabla 17.1.

Tabla 17.1. Identificación de variables

PLC	Usuario	Comentarios
I0	P	Pulsador de puesta en marcha
I1	a_0	FC cilindro A vástago dentro
I2	a_1	FC cilindro A vástago fuera
I3	b_0	FC cilindro B vástago dentro
I4	b_1	FC cilindro B vástago fuera
I5	c_0	FC cilindro C vástago dentro
I6	c_1	FC cilindro C vástago fuera
I7	E	Pulsador de emergencia
O1	A+	Avance vástago A
O2	A-	Retroceso vástago A
O3	B+	Avance vástago B
O4	B-	Retroceso vástago B
O5	C+	Avance vástago C
O6	C-	Retroceso vástago C
F1	M_1	Memoria 1
F2	M_2	Memoria 2

Programación del PLC mediante diagrama de contactos

La programación del PLC, elaborada mediante diagrama de contactos y que permite controlar los movimientos de la secuencia, se indica en la Figura 17.3.

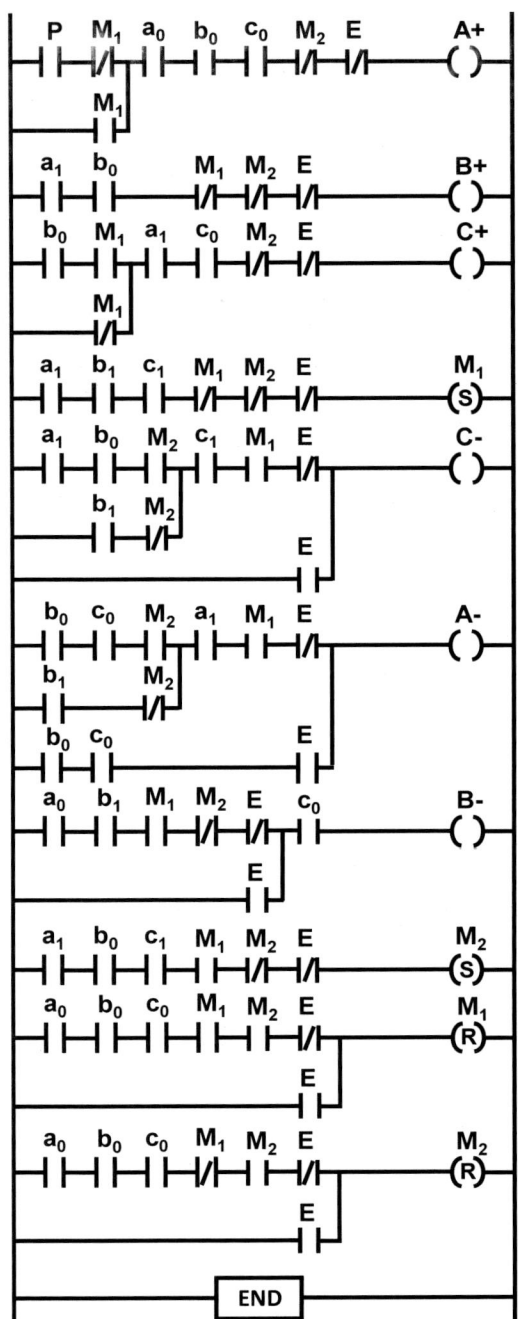

Figura 17.3. Programación del PLC mediante diagrama de contactos

Ejercicio 18. Secuencia de movimientos simple con movimientos simultáneos

En un proceso industrial, la automatización neumática de sus distintas etapas se realiza mediante cuatro cilindros de dobla efecto *A*, *B*, *C* y *D*. Para este proceso, la secuencia de movimientos a automatizar, pulsando un pulsador *P* de puesta en marcha, es la siguiente:

$$P \rightarrow A+, B+, \begin{Bmatrix} C+ \\ D+ \end{Bmatrix}, B-, \begin{pmatrix} B+ \\ C- \\ D- \end{pmatrix}, B-, A-$$

Diseñar el programa de un PLC para controlar este proceso, añadiendo un pulsador *E* con enclavamiento que, al ser accionado, realice la siguiente secuencia de emergencia:

$$E \rightarrow \begin{Bmatrix} D- \\ C- \end{Bmatrix}, \begin{Bmatrix} B- \\ A- \end{Bmatrix}$$

Solución

Representación de la parte neumática del circuito

La parte neumática del circuito se representa en la Figura 18.1.

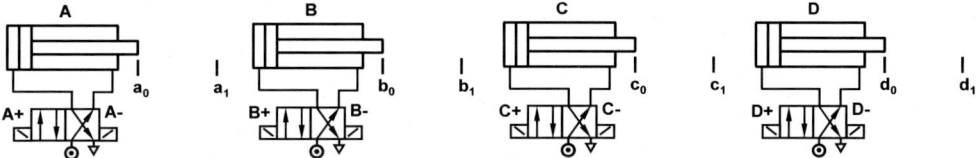

Figura 18.1. Representación de la parte neumática del circuito

Secuencia de movimientos mediante los rectángulos de Karnaugh

Como se ha indicado anteriormente, en los rectángulos de Karnaugh el movimiento simultáneo de varios cilindros se representa como el conjunto de todos los casos posibles que se obtienen considerando los movimientos sucesivos de esos cilindros en cualquier orden.

Así, el movimiento simultáneo de tres cilindros $\begin{Bmatrix} B+ \\ C- \\ D- \end{Bmatrix}$ se representa mediante el siguiente conjunto de movimientos sucesivos:

$$(B+, C-, D\,-) \quad (B+, D-, C\,-)$$
$$(C-, B+, D\,-) \quad (C-, D-, B\,+)$$
$$(D-, B+, C\,-) \quad (D-, C-, B\,+)$$

los cuales se implementan en los rectángulos de Karnaugh de la Figura 18.2.

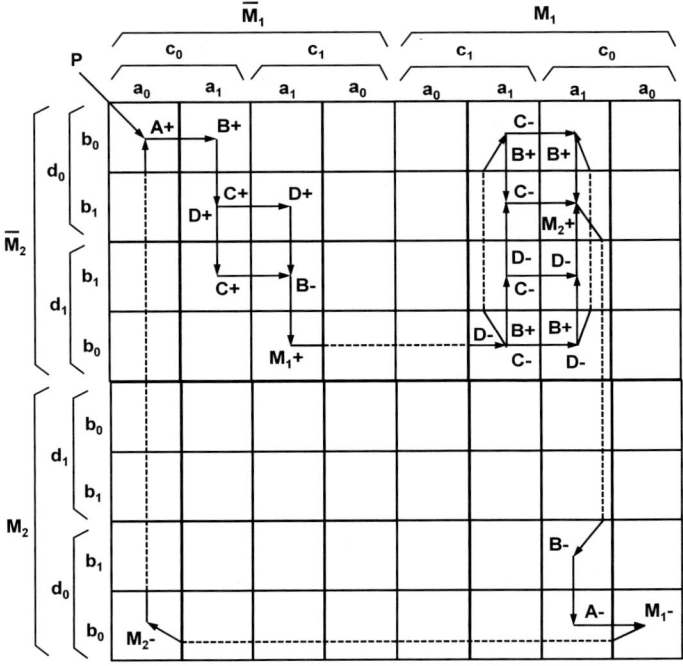

Figura 18.2. Secuencia de movimientos mediante los rectángulos de Karnaugh

Definición lógica de cada movimiento

La definición lógica de cada uno de los movimientos de la secuencia se obtiene de la Figura 18.2. De aquí resulta:

$$A+= a_0 \cdot b_0 \cdot c_0 \cdot d_0 \cdot \overline{M_1} \cdot \overline{M_2} \cdot \bar{E} \cdot P$$
$$B+= (a_0 \cdot c_0 \cdot d_0 \cdot \overline{M_1} + a_1 \cdot M_1) \cdot b_0 \cdot \overline{M_2} \cdot \bar{E}$$
$$C+= a_1 \cdot b_1 \cdot c_0 \cdot \overline{M_1} \cdot \overline{M_2} \cdot \bar{E}$$
$$D+= a_1 \cdot b_1 \cdot d_0 \cdot \overline{M_1} \cdot \overline{M_2} \cdot \bar{E}$$
$$B-= (c_1 \cdot d_1 \cdot \overline{M_1} \cdot \overline{M_2} + c_0 \cdot d_0 \cdot M_1 \cdot M_2) \cdot a_1 \cdot b_1 \cdot \bar{E} + c_0 \cdot d_0 \cdot E$$
$$M_1+= a_1 \cdot b_0 \cdot c_1 \cdot d_1 \cdot \overline{M_1} \cdot \overline{M_2} \cdot \bar{E}$$
$$C-= a_1 \cdot c_1 \cdot M_1 \cdot \overline{M_2} \cdot \bar{E} + E$$
$$D-= a_1 \cdot d_1 \cdot M_1 \cdot \overline{M_2} \cdot \bar{E} + E$$

$$M_2 += a_1 \cdot b_1 \cdot c_0 \cdot d_0 \cdot M_1 \cdot \overline{M_2} \cdot \bar{E}$$

$$A -= (a_1 \cdot b_0 \cdot M_1 \cdot M_2 \cdot \bar{E} + E) \cdot c_0 \cdot d_0$$

$$M_1 -= a_0 \cdot b_0 \cdot c_0 \cdot d_0 \cdot M_1 \cdot M_2 \cdot \bar{E} + E$$

$$M_2 -= a_0 \cdot b_0 \cdot c_0 \cdot d_0 \cdot \overline{M_1} \cdot M_2 \cdot \bar{E} + E$$

Identificación de variables

La identificación entre las variables del PLC y las correspondientes variables del usuario se representa en la Tabla 18.1.

Tabla 18.1. Identificación de variables

PLC	Usuario	Comentarios
I0	P	Pulsador de puesta en marcha
I1	a_0	FC cilindro A vástago dentro
I2	a_1	FC cilindro A vástago fuera
I3	b_0	FC cilindro B vástago dentro
I4	b_1	FC cilindro B vástago fuera
I5	c_0	FC cilindro C vástago dentro
I6	c_1	FC cilindro C vástago fuera
I7	d_0	FC cilindro D vástago dentro
I8	d_1	FC cilindro D vástago fuera
I9	E	Pulsador de emergencia
O1	A+	Avance vástago A
O2	A-	Retroceso vástago A
O3	B+	Avance vástago B
O4	B-	Retroceso vástago B
O5	C+	Avance vástago C
O6	C-	Retroceso vástago C
O7	D+	Avance vástago D
O8	D-	Retroceso vástago D
F1	M_1	Memoria 1
F2	M_2	Memoria 2

Programación del PLC mediante diagrama de contactos

La programación del PLC, elaborada mediante diagrama de contactos y que permite controlar los movimientos de la secuencia, se indica en la Figura 18.3.

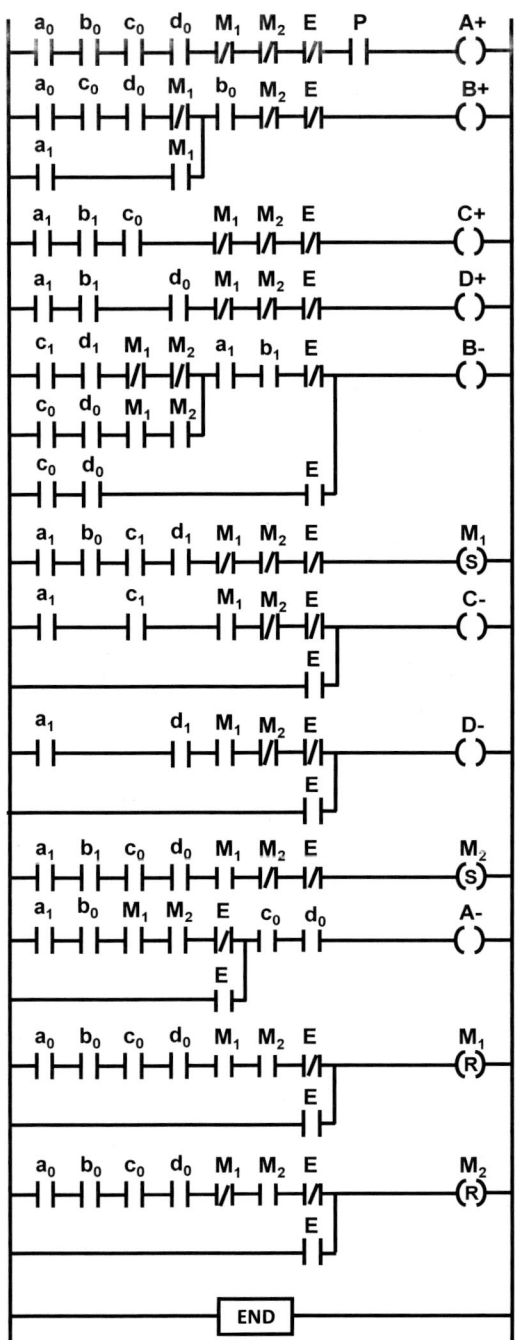

Figura 18.3. Programación del PLC mediante diagrama de contactos

Ejercicio 19. Secuencia de movimientos con líneas de movimiento en paralelo

En un proceso industrial la automatización neumática de sus distintas etapas se realiza mediante cinco cilindros de doble efecto *A, B, C, D* y *E*. Para este proceso la secuencia de movimientos a automatizar, si existe pieza detectada mediante el final de carrera *Ep* y utilizando un pulsador de puesta en marcha manual *Mm*, o automática con enclavamiento *Ma*, es la siguiente:

$$\begin{Bmatrix} Mm \ o \ Ma \\ Ep \end{Bmatrix} \rightarrow A+, \begin{Bmatrix} B+, C+, C-, B- \\ D+, D-, (10\ s), D+, D- \end{Bmatrix}, \begin{Bmatrix} A- \\ E+ \end{Bmatrix}, E-$$

Además, se desea añadir un pulsador de emergencia *Em* que, al ser accionado, ordene la entrada del vástago de los cinco cilindros según la secuencia:

$$Em \rightarrow E-, D-, \begin{Bmatrix} C- \\ B- \end{Bmatrix}, A-$$

Diseñar por diagrama de contactos el programa de un PLC para controlar la secuencia de movimientos indicada. Determinar las condiciones para cada movimiento a partir de los rectángulos de Karnaugh.

Solución

Representación de la parte neumática del circuito

La parte neumática del circuito se representa en la Figura 19.1.

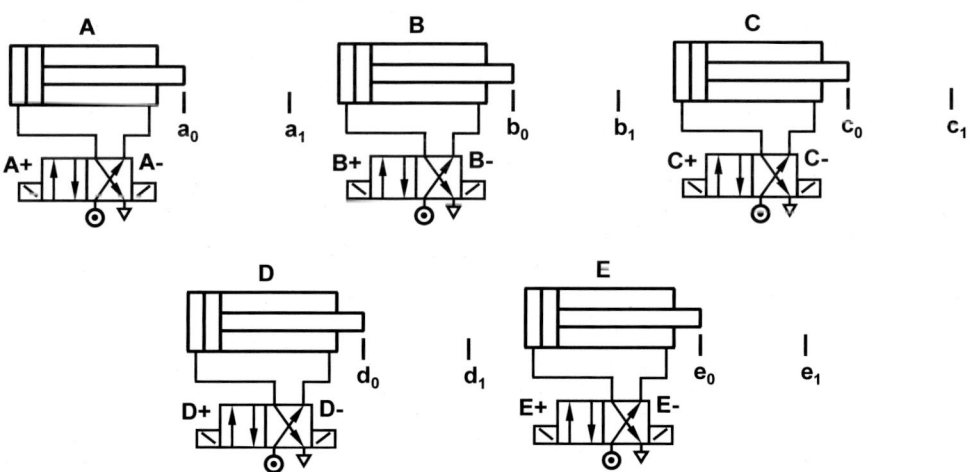

Figura 19.1. Representación de la parte neumática del circuito

Secuencia de movimientos mediante los rectángulos de Karnaugh

Para representar la secuencia de movimientos mediante los rectángulos de Karnaugh, dicha secuencia se divide en dos partes. Una de ellas, secuencia principal, estará formada por los tramos de secuencia anterior y posterior a las líneas en paralelo, junto con una de dichas líneas, por ejemplo, la superior:

$$Secuencia\ principal: \quad A+, B+, C+, C-, B-, \begin{Bmatrix} A- \\ E+ \end{Bmatrix}, E-$$

La otra parte, secuencia secundaria, estará formada por la otra línea de movimientos, en este caso la inferior:

$$Secuencia\ secundaria: \quad D+, D-, (10\ s), D+, D-$$

La secuencia principal, mediante los rectángulos de Karnaugh, se representa en la Figura 19.2, mientras que la secuencia secundaria se representa en la Figura 19.3. En estas figuras vemos como la secuencia principal se activa, junto con las condiciones de inicio, con la memoria M_1 desactivada. Finalizado el movimiento $A+$ la memoria M_1 se activa, siendo ésta la condición para el inicio de los movimientos de las dos líneas en paralelo.

Finalizados los movimientos de las dos líneas en paralelo la memoria M_1 se desactiva (orden M_1- dada con las condiciones simultáneas de las correspondientes casillas, como se verá en la definición lógica de cada movimiento), y con esta condición se continúan los movimientos de la secuencia principal.

De esta manera, las dos líneas de movimiento en paralelo se realizarán con la memoria M_1 activada, mientras que el resto de la secuencia se realizará con esta memoria desactivada.

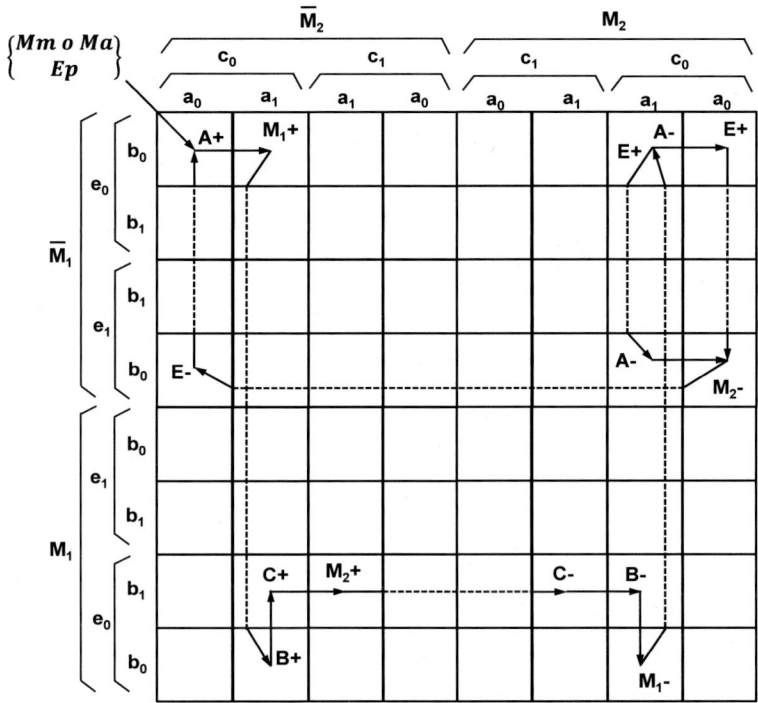

Figura 19.2. Secuencia de movimientos mediante los rectángulos de Karnaugh.
Secuencia principal

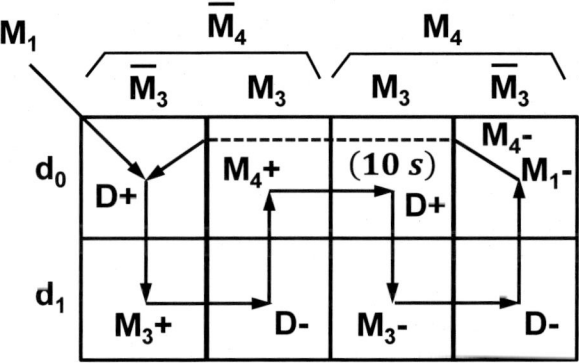

Figura 19.3. Secuencia de movimientos mediante los rectángulos de Karnaugh.
Secuencia secundaria

Definición lógica de cada movimiento

La definición lógica de cada uno de los movimientos de la secuencia se obtiene de las Figuras 19.2 y 19.3. De aquí resultan las funciones que se presentan a continuación, donde se puede observar cómo, con las condiciones de final de movimiento *A+*, se activa la memoria M_1 (señal M_1+) para iniciar los movimientos de las dos líneas en paralelo. Finalizados los movimientos de estas dos líneas, se desactiva la memoria M_1 (señal M_1-) para continuar los movimientos de la secuencia principal. Además, se introduce la memoria M_T para evitar que el temporizador se active más de una vez en cada ciclo de trabajo.

$$A+= a_0 \cdot b_0 \cdot c_0 \cdot e_0 \cdot \overline{M_1} \cdot \overline{M_2} \cdot \overline{Em} \cdot Ep \cdot (Mm + Ma)$$

$$M_1+= a_1 \cdot b_0 \cdot c_0 \cdot e_0 \cdot \overline{M_1} \cdot \overline{M_2} \cdot \overline{Em}$$

$$B+= a_1 \cdot b_0 \cdot c_0 \cdot e_0 \cdot M_1 \cdot \overline{M_2} \cdot \overline{Em}$$

$$C+= a_1 \cdot b_1 \cdot c_0 \cdot e_0 \cdot M_1 \cdot \overline{M_2} \cdot \overline{Em}$$

$$M_2+= a_1 \cdot b_1 \cdot c_1 \cdot e_0 \cdot M_1 \cdot \overline{M_2} \cdot \overline{Em}$$

$$C-= (a_1 \cdot b_1 \cdot c_1 \cdot M_1 \cdot M_2 \cdot \overline{Em} + d_0 \cdot Em) \cdot e_0$$

$$B-= (a_1 \cdot b_1 \cdot c_0 \cdot M_1 \cdot M_2 \cdot \overline{Em} + d_0 \cdot Em) \cdot e_0$$

$$M_1-= a_1 \cdot b_0 \cdot c_0 \cdot d_0 \cdot e_0 \cdot M_1 \cdot M_2 \cdot \overline{M_3} \cdot M_4 \cdot \overline{Em} + Em$$

$$E+= b_0 \cdot c_0 \cdot e_0 \cdot \overline{M_1} \cdot M_2 \cdot \overline{Em}$$

$$A-= (a_1 \cdot \overline{M_1} \cdot M_2 \cdot \overline{Em} + d_0 \cdot e_0 \cdot Em) \cdot b_0 \cdot c_0$$

$$M_2-= a_0 \cdot b_0 \cdot c_0 \cdot e_1 \cdot \overline{M_1} \cdot M_2 \cdot \overline{Em} + Em$$

$$E-= a_0 \cdot b_0 \cdot c_0 \cdot e_1 \cdot \overline{M_1} \cdot \overline{M_2} \cdot \overline{Em} + Em$$

$$Activ\ Temp = M_T+= d_0 \cdot M_1 \cdot M_3 \cdot M_4 \cdot \overline{M_T} \cdot \overline{Em}$$

$$D+= [M_3 \cdot M_4 \cdot M_T \cdot (VTemp \geq 10{,}0\ s) + \overline{M_3} \cdot \overline{M_4}] \cdot d_0 \cdot M_1 \cdot \overline{Em}$$

$$M_3+= d_1 \cdot M_1 \cdot \overline{M_3} \cdot \overline{M_4} \cdot \overline{Em}$$

$$D-= (M_3 \cdot \overline{M_4} + \overline{M_3} \cdot M_4) \cdot d_1 \cdot M_1 \cdot \overline{Em} + e_0 \cdot Em$$

$$M_4+= d_0 \cdot M_1 \cdot M_3 \cdot \overline{M_4} \cdot \overline{Em}$$

$$M_T-= d_1 \cdot M_1 \cdot M_3 \cdot M_4 \cdot M_T \cdot \overline{Em} + Em$$

$$M_3-= d_1 \cdot M_1 \cdot M_3 \cdot M_4 \cdot \overline{Em} + Em$$

$$M_4-= d_0 \cdot \overline{M_1} \cdot \overline{M_3} \cdot M_4 \cdot \overline{Em} + Em$$

Obsérvese además cómo, estando el cilindro *A* fuera (a_0 pisado), y tras finalizar los movimientos de las dos líneas en paralelo (cilindros *B* y *D* dentro simultáneamente, con sus finales de carrera b_0 y d_0 pisados), la desactivación de la memoria M_1 (definición lógica del movimiento M_1-), se produce cuando, entre otras condiciones, las memorias M_1 y M_4 están aún activas. Posteriormente, y siguiendo el orden en que se han definido las funciones lógicas, la desactivación de la memoria M_4 (definición lógica del movimiento M_4-), se producirá con la memoria M_1 desactivada y la M_4 aún activa. Y, estando ya la memoria M_1 desactivada, solamente se podrán producir los movimientos que no pertenecen a las dos líneas en paralelo.

Identificación de variables

La identificación entre las variables del PLC y las correspondientes variables del usuario se representa en la Tabla 19.1.

Tabla 19.1. Identificación de variables

PLC	Usuario	Comentarios
I0	Ep	Detector existencia de pieza
I1	Mm	Pulsador de puesta en marcha manual
I2	Ma	Pulsador de puesta en marcha automática
I3	a_0	FC cilindro A vástago dentro
I4	a_1	FC cilindro A vástago fuera
I5	b_0	FC cilindro B vástago dentro
I6	b_1	FC cilindro B vástago fuera
I7	c_0	FC cilindro C vástago dentro
I8	c_1	FC cilindro C vástago fuera
I9	d_0	FC cilindro D vástago dentro
I10	d_1	FC cilindro D vástago fuera
I11	e_0	FC cilindro E vástago dentro
I12	e_1	FC cilindro E vástago fuera
I13	Em	Pulsador de emergencia
O1	A+	Avance vástago A
O2	A-	Retroceso vástago A
O3	B+	Avance vástago B
O4	B-	Retroceso vástago B
O5	C+	Avance vástago C
O6	C-	Retroceso vástago C
O7	D+	Avance vástago D
O8	D-	Retroceso vástago D
O9	E+	Avance vástago E
O10	E-	Retroceso vástago E
F1	M_1	Memoria activación líneas en paralelo
F2	M_2	Memoria 2
F3	M_3	Memoria 3
F4	M_4	Memoria 4
F5	M_T	Memoria temporizador activado
T0	Temp	Temporizador

Programación del PLC mediante diagrama de contactos

La programación del PLC, elaborada mediante diagrama de contactos y que permite controlar los movimientos de la secuencia, se indica en la Figura 19.4.

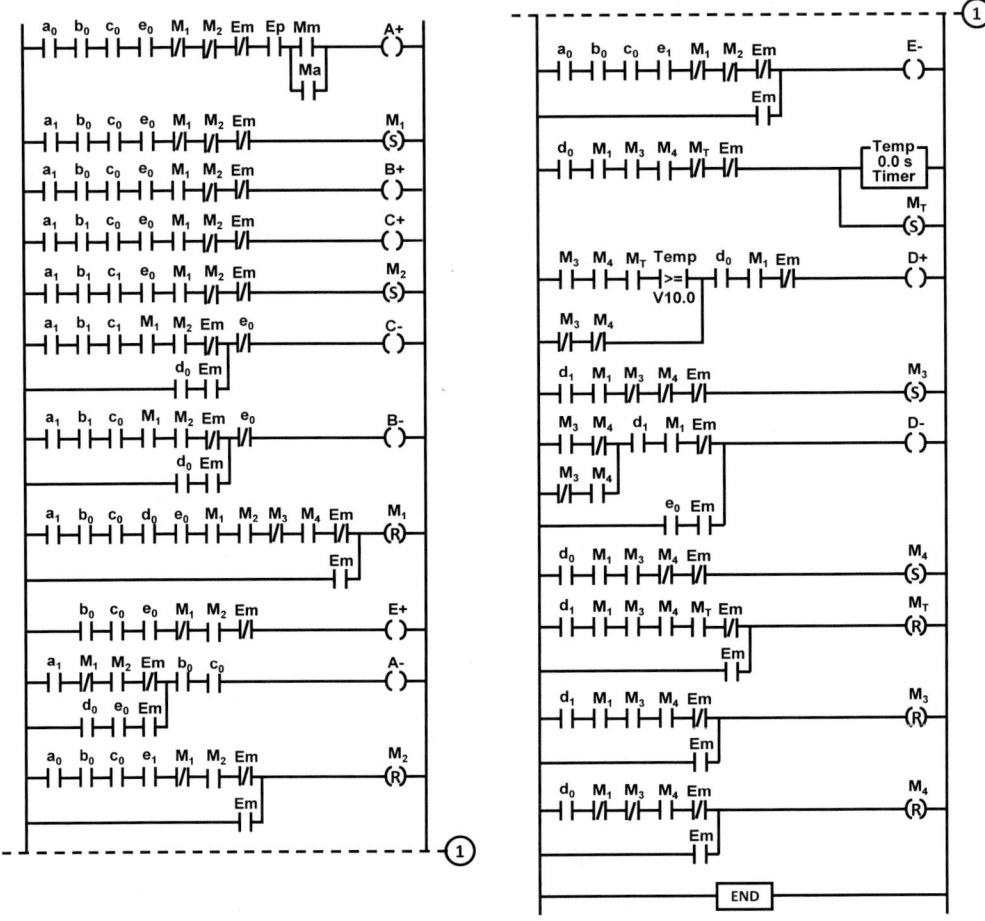

Figura 19.4. Programación del PLC mediante diagrama de contactos

Ejercicio 20. Vaciado automático de cajas por volteo

La materia prima utilizada en un proceso industrial llega en cajas abiertas a la terminal de descarga, las cuales se depositan sobre una cinta transportadora que las conduce hasta una bancada desde donde se vaciarán al interior de la tolva de alimentación del proceso. Para la automatización electroneumática del vaciado de las cajas se va a disponer de los siguientes elementos de trabajo:

Cilindro *A* de doble efecto: acciona el tope que impide el paso de una nueva caja a la bancada cuando una de ellas se esté vaciando.

Cilindro *B* de simple efecto: sujeta la caja a la bancada.

Motor *M* de giro limitado: hace girar 180º la bancada para vaciar la caja sobre la tolva.

Cilindro *C* de doble efecto: arrastra la plataforma que recogerá la caja vacía.

Cilindro *D*: empuja la caja vacía para depositarla sobre la cinta transportadora de retirada de cajas.

Cuando una caja llega a la bancada y acciona un final de carrera *Ep* que detecta su existencia, y pulsando el operario un pulsador *Mm* de puesta en marcha (marcha manual), la secuencia de movimientos a realizar será la siguiente:

1) Avance del tope.
2) Sujeción de la caja a la bancada.
3) Volteo lento de la bancada 180º para vaciar la caja sobre la tolva.
4) Espera de 10 s para que se vacíe totalmente la caja.
5) Avance de la plataforma de recogida de la caja vacía.
6) Soltado de la caja que se deposita, en posición invertida, sobre la plataforma.
7) Retroceso lento de la plataforma para retirada de la caja vacía.
8) Retorno de la bancada a su posición inicial, a la vez que se empuja la caja vacía hacia la cinta transportadora de retirada de cajas.
9) Retirada del tope para recibir una nueva caja.

En el Ejercicio 11 se ha llevado a cabo el diseño electroneumático necesario para automatizar este proceso. Sin embargo, habiendo funcionado durante un tiempo determinado esta automatización, en una fase de modernización de las instalaciones se pretende sustituir el sistema de mando eléctrico por un autómata programable que consiga la misma secuencia de movimientos.

Diseñar el programa a introducir al PLC, haciendo uso del lenguaje de diagrama de contactos, con el que se consigan los movimientos deseados.

Solución

Secuencia de movimientos

$$\begin{Bmatrix} Mm \ o \ Ma \\ Ep \end{Bmatrix} \rightarrow A+, B+, M+(\text{lento}), (10 \ s), C+, B-, C-(\text{lento}), \begin{Bmatrix} M- \\ D+, D- \end{Bmatrix}, A-$$

Representación de la parte neumática del circuito

La parte neumática del circuito se representa en la Figura 20.1.

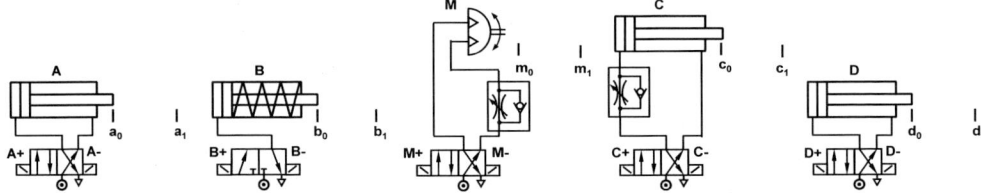

Figura 20.1. Representación de la parte neumática del circuito

Secuencia de movimientos mediante los rectángulos de Karnaugh

Para representar la secuencia de movimientos mediante los rectángulos de Karnaugh, dicha secuencia se divide en dos partes. Una de ellas, secuencia principal, estará formada por los tramos de secuencia anterior y posterior a las líneas en paralelo, junto con la línea de movimientos superior (que en el presente ejercicio corresponde al movimiento *M-*):

Secuencia principal: $A+, B+, M+(\text{lento}), (10 \ s) \ C+, B-, C-(\text{lento}), M-, A-$

La otra parte, secuencia secundaria, estará formada solamente por la otra línea de movimientos, en este caso la inferior:

Secuencia secundaria: $D+, D-$

La secuencia principal, mediante los rectángulos de Karnaugh, se representa en la Figura 20.2, mientras que la secuencia secundaria se representa en la Figura 20.3. En estas figuras vemos como la secuencia principal se activa, junto con las condiciones de inicio, con la memoria M_L desactivada. Finalizado el movimiento *C-* la memoria M_L se activa, siendo ésta la condición para el inicio de los movimientos de las dos líneas en paralelo.

Finalizados los movimientos de las dos líneas en paralelo la memoria M_L se desactiva (orden M_L- dada con las condiciones simultáneas de las correspondientes casillas, como se verá en la definición lógica de cada movimiento), y con esta condición se continúan los movimientos de la secuencia principal.

De esta manera, las dos líneas de movimiento en paralelo se realizarán con la memoria M_L activada, mientras que el resto de la secuencia se realizará con esta memoria desactivada.

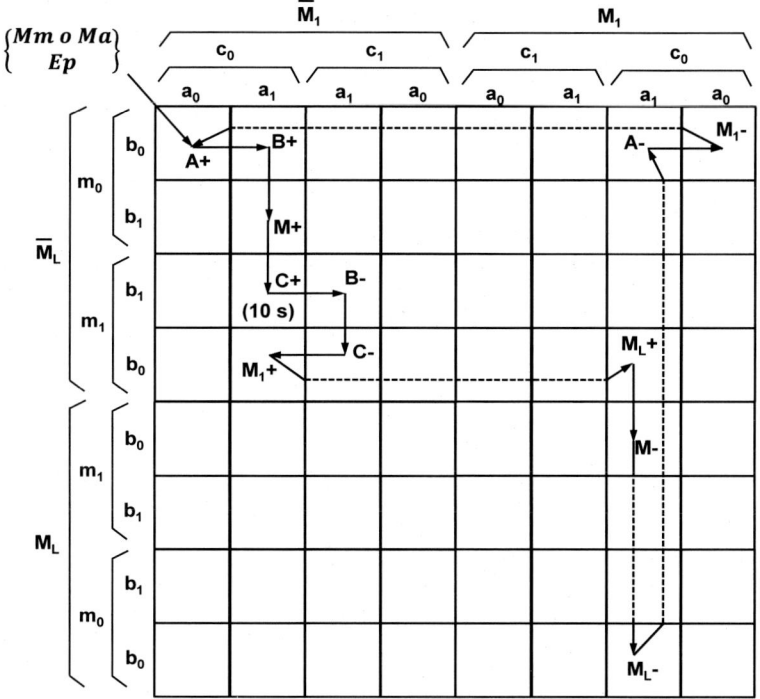

Figura 20.2. Secuencia de movimientos mediante los rectángulos de Karnaugh.
Secuencia principal

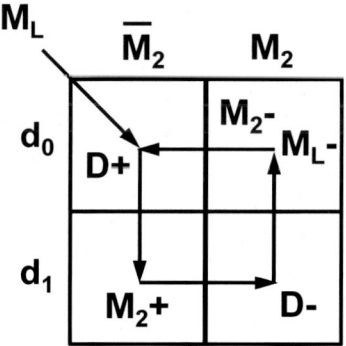

Figura 20.3. Secuencia de movimientos mediante los rectángulos de Karnaugh.
Secuencia secundaria

Definición lógica de cada movimiento

La definición lógica de cada uno de los movimientos de la secuencia se obtiene de las Figuras 20.2 y 20.3. De aquí resultan las funciones que se presentan a continuación, donde se puede observar cómo, con las condiciones de final de movimiento C-, se activa la memoria M_L (señal M_L+) para iniciar los movimientos de las dos líneas en paralelo. Finalizados los movimientos de estas líneas se desactiva la memoria M_L (señal M_L-), para continuar los movimientos de la secuencia principal.

$$A+= a_0 \cdot b_0 \cdot c_0 \cdot m_0 \cdot \overline{M_1} \cdot \overline{M_L} \cdot Ep \cdot (Mm + Ma)$$
$$B+= a_1 \cdot b_0 \cdot c_0 \cdot m_0 \cdot \overline{M_1} \cdot \overline{M_L}$$
$$M+= a_1 \cdot b_1 \cdot c_0 \cdot m_0 \cdot \overline{M_1} \cdot \overline{M_L}$$
$$Activ\ Temp = M_T+= a_1 \cdot b_1 \cdot c_0 \cdot m_1 \cdot \overline{M_1} \cdot \overline{M_L} \cdot \overline{M_T}$$
$$C+= a_1 \cdot b_1 \cdot c_0 \cdot m_1 \cdot \overline{M_1} \cdot \overline{M_L} \cdot M_T \cdot (VTemp \geq 10{,}0\ s)$$
$$M_T-= a_1 \cdot b_1 \cdot c_1 \cdot m_1 \cdot \overline{M_1} \cdot \overline{M_L} \cdot M_T$$
$$B-= a_1 \cdot b_1 \cdot c_1 \cdot m_1 \cdot \overline{M_1} \cdot \overline{M_L}$$
$$C-= a_1 \cdot b_0 \cdot c_1 \cdot m_1 \cdot \overline{M_1} \cdot \overline{M_L}$$
$$M_1+= a_1 \cdot b_0 \cdot c_0 \cdot m_1 \cdot \overline{M_1} \cdot \overline{M_L}$$
$$M_L+= a_1 \cdot b_0 \cdot c_0 \cdot m_1 \cdot M_1 \cdot \overline{M_L}$$
$$M-= a_1 \cdot b_0 \cdot c_0 \cdot m_1 \cdot M_1 \cdot M_L$$
$$M_L-= a_1 \cdot b_0 \cdot c_0 \cdot m_0 \cdot M_1 \cdot M_L \cdot d_0 \cdot M_2$$
$$A-= a_1 \cdot b_0 \cdot c_0 \cdot m_0 \cdot M_1 \cdot \overline{M_L}$$
$$M_1-= a_0 \cdot b_0 \cdot c_0 \cdot m_0 \cdot M_1 \cdot \overline{M_L}$$
$$D+= d_0 \cdot \overline{M_2} \cdot M_L$$
$$M_2+= d_1 \cdot \overline{M_2} \cdot M_L$$
$$D-= d_1 \cdot M_2 \cdot M_L$$
$$M_2-= d_0 \cdot M_2 \cdot \overline{M_L}$$

Identificación de variables

La identificación entre las variables del PLC y las correspondientes variables del usuario se representa en la Tabla 20.1.

Tabla 20.1. Identificación de variables

PLC	Usuario	Comentarios
I0	Ep	Detector existencia de pieza
I1	Mm	Pulsador de puesta en marcha manual
I2	Ma	Pulsador de puesta en marcha automática
I3	a_0	FC cilindro A vástago dentro
I4	a_1	FC cilindro A vástago fuera
I5	b_0	FC cilindro B vástago dentro
I6	b_1	FC cilindro B vástago fuera
I7	c_0	FC cilindro C vástago dentro
I8	c_1	FC cilindro C vástago fuera
I9	d_0	FC cilindro D vástago dentro
I10	d_1	FC cilindro D vástago fuera
I11	m_0	FC giro negativo motor M
I12	m_1	FC giro positivo motor M
O1	A+	Avance vástago A
O2	A-	Retroceso vástago A
O3	B+	Avance vástago B
O4	B-	Retroceso vástago B
O5	C+	Avance vástago C
O6	C-	Retroceso vástago C
O7	D+	Avance vástago D
O8	D-	Retroceso vástago D
O9	M+	Giro positivo motor M
O10	M-	Giro negativo motor M
F0	M_L	Memoria activación líneas en paralelo
F1	M_1	Memoria 1
F2	M_2	Memoria 2
F3	M_T	Memoria temporizador activado
T0	Temp	Temporizador

Programación del PLC mediante diagrama de contactos

La programación del PLC, elaborada mediante diagrama de contactos y que permite controlar los movimientos de la secuencia, se indica en la Figura 20.4.

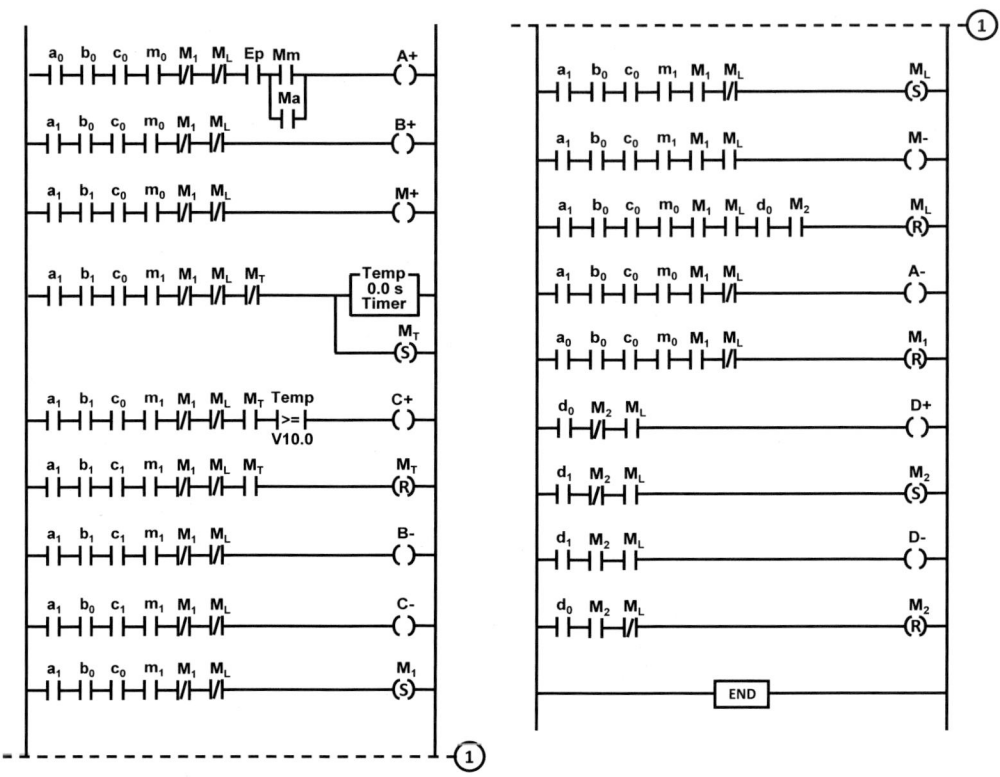

Figura 20.4. Programación del PLC mediante diagrama de contactos

Ejercicio 21. Taladrado y giro de una pieza

En un proceso de producción, y en una determinada etapa del proceso, las piezas llegan por una cinta transportadora hasta una bancada donde, después de sujetar la pieza, se le ejecuta un taladro. A continuación, la bancada con la pieza gira en el plano horizontal 90º en sentido horario y, posteriormente, la pieza es expulsada hacia una segunda cinta transportadora de dirección perpendicular a la primera, para pasar a la fase siguiente en posición contraria a la de llegada.

Para automatizar este proceso se va a diseñar un automatismo neumático con los siguientes elementos de trabajo:

- Cilindro A: Su salida evita la entrada de una nueva pieza a la bancada de trabajo.
- Cilindro B: Sujeción de la pieza a la bancada.
- Motor de giro ilimitado C: Giro de la broca de taladrado.
- Cilindro D: Avance y retroceso lentos de la broca.
- Motor de giro limitado E: Giro de la bancada 90º.
- Cilindro F: Expulsión de la pieza después de taladrada y girada 90º.

Determinar la secuencia de movimientos necesaria para automatizar este proceso, teniendo en cuenta que el movimiento de avance de la broca se iniciará 5 s después de que ésta empiece a girar. Dicha secuencia de movimientos se realizará cuando exista pieza sobre la bancada, detectada mediante un final de carrera Ep, y se pulse un pulsador de marcha manual Mm o se encuentre pulsado un pulsador de marcha automática Ma.

Se desea controlar el automatismo anterior mediante un autómata programable, por lo que se pide diseñar el programa necesario mediante el lenguaje de diagrama de contactos.

Solución

Secuencia de movimientos

$$\left\{ \begin{matrix} Mm \ o \ Ma \\ Ep \end{matrix} \right\} \rightarrow A+, B+, \left\{ \begin{matrix} C+ \\ (5\ s), D+, D- \end{matrix} \right\}, \left\{ \begin{matrix} C- \\ E+ \end{matrix} \right\}, B-, F+, F-, E-, A-$$

Representación de la parte neumática del circuito

La parte neumática del circuito se representa en la Figura 21.1.

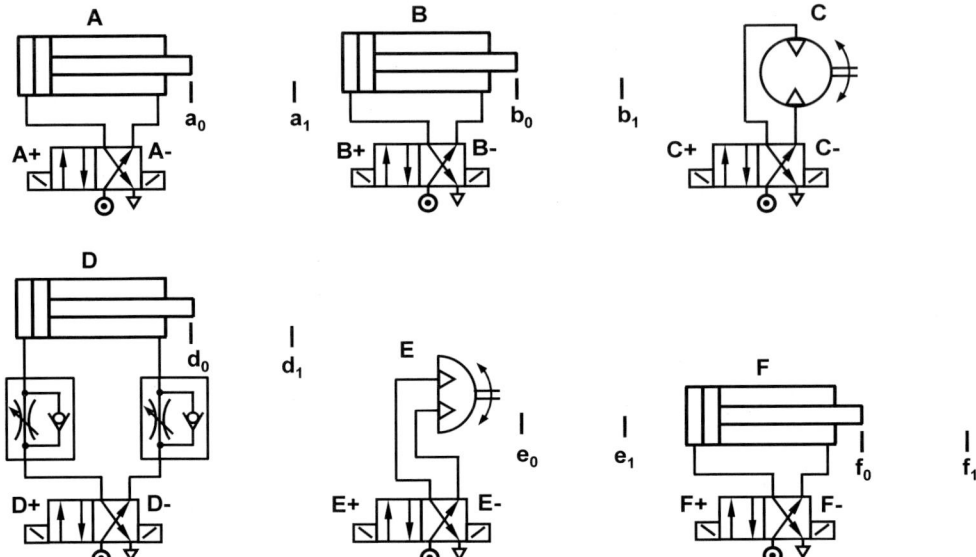

Figura 21.1. Representación de la parte neumática del circuito

Secuencia de movimientos mediante los rectángulos de Karnaugh

Para representar la secuencia de movimientos mediante los rectángulos de Karnaugh hay que tener en cuenta que en este caso no podemos hablar de líneas de movimiento en paralelo ni de movimientos simultáneos, pues el motor *C* es de giro ilimitado y no dispone de finales de carrera. Por ello, el giro de la broca, movimiento *C+*, se iniciará al final del movimiento *B+* conjuntamente con el inicio de la temporización. Y este giro terminará (movimiento *C-*), al final del movimiento *D-* conjuntamente con el inicio del movimiento *E+*. De esta manera, la broca girará tanto durante su movimiento de avance (movimiento de taladrado), como de retroceso, siendo el motivo de este último giro evitar que la broca se enganche con alguna viruta en su movimiento de extracción.

Por lo que acabamos de indicar, la secuencia de movimientos a representar mediante los rectángulos de Karnaugh será la siguiente:

$$\left. \begin{matrix} Mm \ o \ Ma \\ Ep \end{matrix} \right\} \rightarrow A+, B+, C+, (5 \ s), D+, D-, C-, E+, B-, F+, F-, E-, A-$$

la cual se presenta en la Figura 21.2.

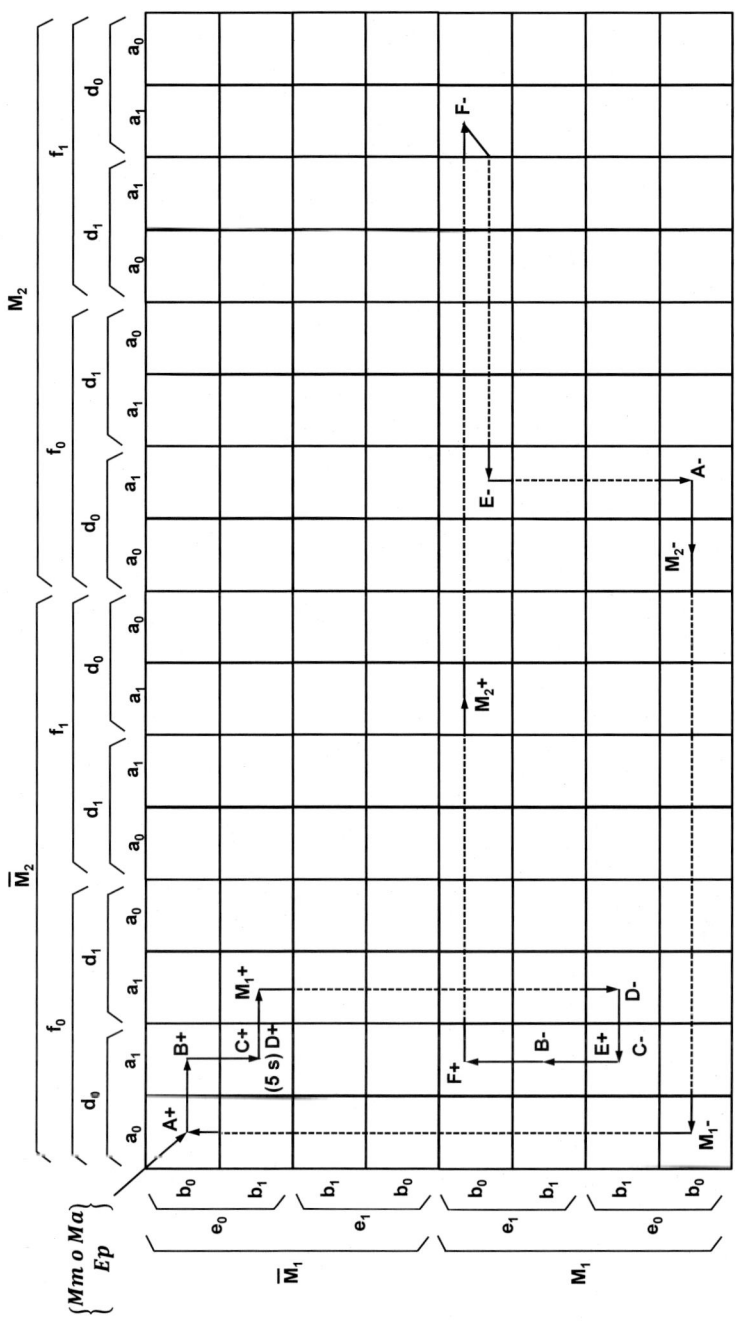

Figura 21.2. Secuencia de movimientos mediante los rectángulos de Karnaugh

Como se observa en esta representación, en ella no se incluyen finales de carrera asociados al motor de giro ilimitado *C*, pues éstos no existen. Sin embargo, en la casilla correspondiente al final del movimiento *B+* se indica que se activa el movimiento *C+* (lo cual activa el giro de la broca), y 5 s después se inicia el movimiento de taladrado *D+*. Posteriormente, en la casilla correspondiente al final del movimiento *D-* (final del movimiento de extracción de la broca), se activa el movimiento *C-*, lo que detiene el giro de la broca. A continuación, se activa el movimiento *E+* para girar la bancada 90º en sentido horario.

Definición lógica de cada movimiento

La definición lógica de cada uno de los movimientos de la secuencia se obtiene de la Figura 21.2, resultando las funciones que se presentan a continuación.

$$A+= a_0 \cdot b_0 \cdot d_0 \cdot e_0 \cdot f_0 \cdot \overline{M_1} \cdot \overline{M_2} \cdot Ep \cdot (Mm + Ma)$$

$$B+= a_1 \cdot b_0 \cdot d_0 \cdot e_0 \cdot f_0 \cdot \overline{M_1} \cdot \overline{M_2}$$

$$C+= a_1 \cdot b_1 \cdot d_0 \cdot e_0 \cdot f_0 \cdot \overline{M_1} \cdot \overline{M_2}$$

$$Activ\ Temp = M_T+= a_1 \cdot b_1 \cdot d_0 \cdot e_0 \cdot f_0 \cdot \overline{M_1} \cdot \overline{M_2} \cdot \overline{M_T}$$

$$D+= a_1 \cdot b_1 \cdot d_0 \cdot e_0 \cdot f_0 \cdot \overline{M_1} \cdot \overline{M_2} \cdot M_T \cdot (VTemp \geq 5{,}0\ s)$$

$$M_T-= a_1 \cdot b_1 \cdot d_1 \cdot e_0 \cdot f_0 \cdot \overline{M_1} \cdot \overline{M_2} \cdot M_T$$

$$M_1+= a_1 \cdot b_1 \cdot d_1 \cdot e_0 \cdot f_0 \cdot \overline{M_1} \cdot \overline{M_2}$$

$$D-= a_1 \cdot b_1 \cdot d_1 \cdot e_0 \cdot f_0 \cdot M_1 \cdot \overline{M_2}$$

$$C-= E+= a_1 \cdot b_1 \cdot d_0 \cdot e_0 \cdot f_0 \cdot M_1 \cdot \overline{M_2}$$

$$B-= a_1 \cdot b_1 \cdot d_0 \cdot e_1 \cdot f_0 \cdot M_1 \cdot \overline{M_2}$$

$$F+= a_1 \cdot b_0 \cdot d_0 \cdot e_1 \cdot f_0 \cdot M_1 \cdot \overline{M_2}$$

$$M_2+= a_1 \cdot b_0 \cdot d_0 \cdot e_1 \cdot f_1 \cdot M_1 \cdot \overline{M_2}$$

$$F-= a_1 \cdot b_0 \cdot d_0 \cdot e_1 \cdot f_1 \cdot M_1 \cdot M_2$$

$$E-= a_1 \cdot b_0 \cdot d_0 \cdot e_1 \cdot f_0 \cdot M_1 \cdot M_2$$

$$A-= a_1 \cdot b_0 \cdot d_0 \cdot e_0 \cdot f_0 \cdot M_1 \cdot M_2$$

$$M_2-= a_0 \cdot b_0 \cdot d_0 \cdot e_0 \cdot f_0 \cdot M_1 \cdot M_2$$

$$M_1-= a_0 \cdot b_0 \cdot d_0 \cdot e_0 \cdot f_0 \cdot M_1 \cdot \overline{M_2}$$

Identificación de variables

La identificación entre las variables del PLC y las correspondientes variables del usuario se representa en la Tabla 21.1.

Tabla 21.1. Identificación de variables

PLC	Usuario	Comentarios
I0	Ep	Detector existencia de pieza
I1	Mm	Pulsador de puesta en marcha manual
I2	Ma	Pulsador de puesta en marcha automática
I3	a_0	FC cilindro A vástago dentro
I4	a_1	FC cilindro A vástago fuera
I5	b_0	FC cilindro B vástago dentro
I6	b_1	FC cilindro B vástago fuera
I7	d_0	FC cilindro D vástago dentro
I8	d_1	FC cilindro D vástago fuera
I9	e_0	FC giro antihorario motor E de giro limitado
I10	e_1	FC giro horario motor E de giro limitado
I11	f_0	FC cilindro F vástago dentro
I12	f_1	FC cilindro F vástago fuera
O1	A+	Avance vástago A
O2	A-	Retroceso vástago A
O3	B+	Avance vástago B
O4	B-	Retroceso vástago B
O5	C+	Giro positivo motor C de giro ilimitado
O6	C-	Giro negativo motor C de giro ilimitado
O7	D+	Avance vástago D
O8	D-	Retroceso vástago D
O9	E+	Giro horario motor E de giro limitado
O10	E-	Giro antihorario motor E de giro limitado
O11	F+	Avance vástago F
O12	F-	Retroceso vástago F
F1	M_1	Memoria 1
F2	M_2	Memoria 2
F3	M_T	Memoria temporizador activado
T0	Temp	Temporizador

Programación del PLC mediante diagrama de contactos

La programación del PLC, elaborada mediante diagrama de contactos y que permite controlar los movimientos de la secuencia, se indica en la Figura 21.3.

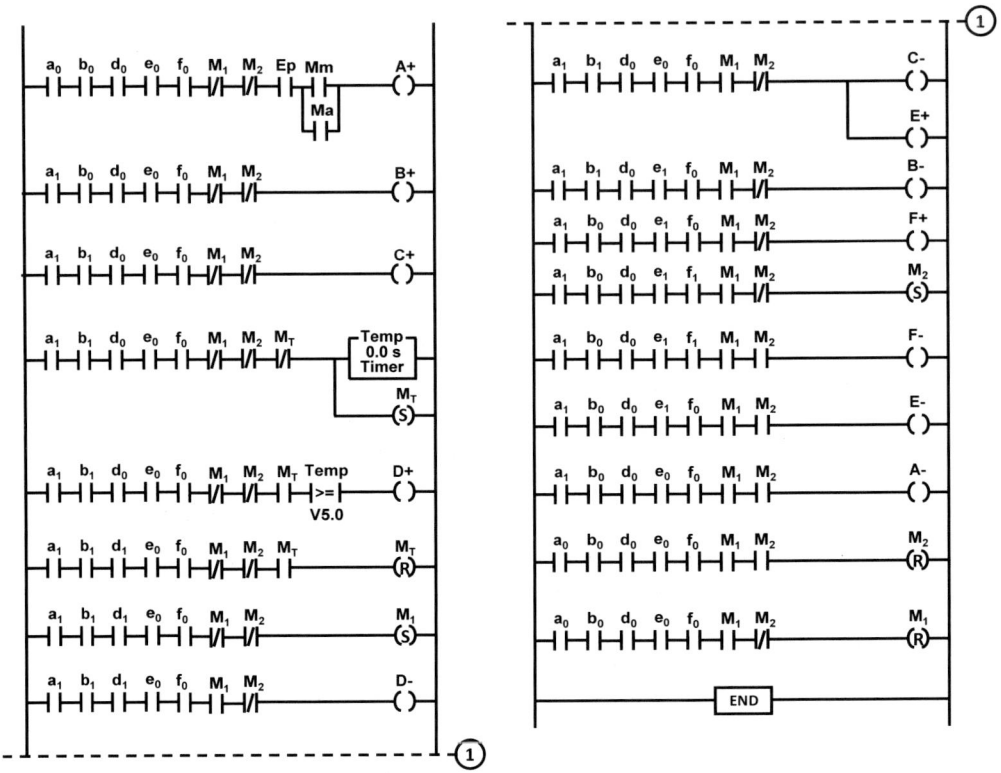

Figura 21.3. Programación del PLC mediante diagrama de contactos

Diseño electrohidráulico mediante PLC

Ejercicio 22. Secuencia de movimientos simple con movimientos simultáneos, temporización, y ciclo de emergencia

Un automatismo electrohidráulico va a realizar la siguiente secuencia de movimientos una vez se acciona un pulsador manual de puesta en marcha Mm, o se encuentre accionado un pulsador de marcha automática Ma, y si existe pieza en la bancada de trabajo, la cual se detecta mediante el final de carrera Ep:

$$\begin{Bmatrix} Mm \text{ o } Ma \\ Ep \end{Bmatrix} \rightarrow A+, \begin{Bmatrix} B + \\ C + \end{Bmatrix}, \begin{Bmatrix} M1+, (t = 60\ s) \\ M2 + (\text{lento}) \end{Bmatrix}, M1-, \begin{Bmatrix} A - \\ B - \end{Bmatrix}, C -$$

donde A y B son cilindros de simple efecto, C es un cilindro de doble efecto, $M1$ es un motor de giro limitado y $M2$ es un motor de giro ilimitado. Como se indica en la secuencia de movimientos, el motor $M2$ iniciará su giro cuando se dé la orden $M1+$, y seguirá girando hasta 60 s después de finalizar el movimiento $M1+$. Todos los elementos de trabajo, excepto el motor de giro ilimitado, dispondrán de una válvula de potencia de cuatro orificios y tres posiciones de trabajo, accionadas eléctricamente y centradas por muelle.

Añadir un pulsador de emergencia E que, al pulsarlo, detenga el movimiento de cilindros y motores y realice el siguiente ciclo de emergencia:

$$E \rightarrow M1-, \begin{Bmatrix} C- \\ B- \end{Bmatrix}, A-$$

Diseñar por diagrama de contactos el programa de un PLC para controlar la secuencia de movimientos indicada. Determinar las condiciones para cada movimiento a partir de los rectángulos de Karnaugh.

Solución

Representación de la parte oleohidráulica del circuito

La parte oleohidráulica del circuito se representa en la Figura 22.1. Con las válvulas de potencia representadas, todos los elementos de trabajo están bloqueados cuando se encuentran parados en cualquier posición.

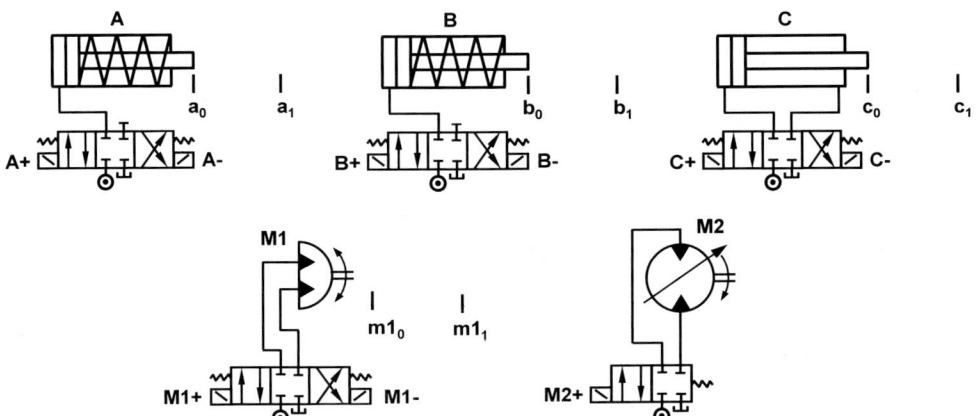

Figura 22.1. Representación de la parte oleohidráulica del circuito

Secuencia de movimientos mediante los rectángulos de Karnaugh

La secuencia de movimientos, representada mediante los rectángulos de Karnaugh, se indica en la Figura 22.2.

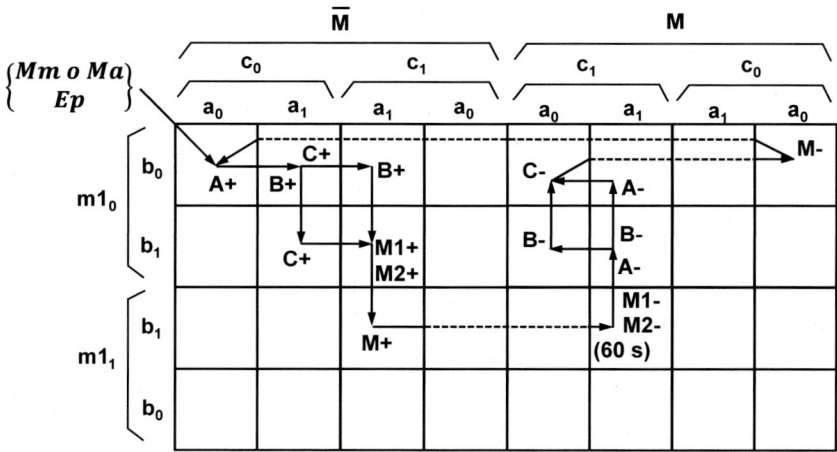

Figura 22.2. Secuencia de movimientos mediante los rectángulos de Karnaugh

En los rectángulos de Karnaugh, Figura 22.2, se indica en qué casillas se pone en marcha y se para el motor de giro ilimitado $M2$ (órdenes $M2+$ y $M2-$), aunque no se representa el movimiento de giro al no disponer el motor $M2$ de finales de carrera. En la definición lógica de cada movimiento la orden de puesta en marcha de $M2$, orden $M2+$, se activará junto con la $M1+$. Y dichas órdenes se desactivarán, órdenes $M2-$ y $M1-$, al final de la temporización de 60 s.

Definición lógica de cada movimiento

En oleohidráulica, para definir la función lógica de cada movimiento hay que tener en cuenta que las válvulas de potencia, las cuales controlan el movimiento de los elementos de trabajo, son válvulas distribuidoras de tres posiciones de trabajo, con accionamiento eléctrico y centradas por muelles. Así, cuando uno de estos accionamientos eléctricos se activa la válvula distribuidora conmuta a una de las posiciones de trabajo extremas, con lo que se inicia el movimiento del correspondiente elemento de trabajo. Pero si durante este movimiento el accionamiento eléctrico se desactiva, la válvula distribuidora se centra por acción de los resortes y el movimiento se detiene. No ocurre los mismo en neumática, donde las válvulas de potencia son de dos posiciones de trabajo, o biestables, las cuales mantienen su posición, aunque desaparezca la acción que provocó dicha posición de trabajo, y solamente conmutan cuando se da la orden correspondiente.

Por esta razón, las condiciones necesarias para iniciar el movimiento de cualquier elemento de trabajo (por ejemplo, movimiento $A+$), no darán origen directamente al inicio de este movimiento, sino que deberán conmutar una memoria interna del PLC (por ejemplo, memoria M_{A+}) la cual, al activarse, provocará dicho movimiento. Esta memoria se mantendrá activa, aunque dejen de cumplirse las condiciones que la activaron, lo que asegura que el movimiento del elemento de trabajo se realice en su totalidad. Y para decidir el instante en que se vaya a desactivar dicha memoria existen dos posibilidades:

- Desactivar la memoria al finalizar el movimiento del correspondiente elemento de trabajo, lo que llevará la válvula de potencia a su posición de reposo. Con ello el elemento de trabajo, tras finalizar su movimiento y hasta que se tenga que dar el movimiento contrario, se encontrará o bien en posición de vástago libre o bien en posición de vástago bloqueado mediante el cierre de las utilizaciones, dependiendo de la posición central de la válvula de potencia.

- Desactivar la memoria cuando el elemento de trabajo tenga que ejecutar el movimiento contrario (por ejemplo, movimiento *A-*), lo que mantiene conmutada la válvula de potencia durante todo ese tiempo. En este caso el elemento de trabajo, tras finalizar su movimiento y hasta que se tenga que dar el movimiento contrario, se encontrará bloqueado por acción de la presión de bomba.

En el presente y siguientes ejercicios admitiremos que todos los elementos de trabajo deberán quedar bloqueados al finalizar cualquiera de sus movimientos, por lo que la memoria de cada movimiento solamente se desactivará cuando se tenga que dar el movimiento contrario. Con estas condiciones, a continuación, se indica la definición lógica de cada uno de los movimientos de la secuencia, definición lógica que se obtiene a partir de los rectángulos de Karnaugh de la Figura 22.2.

$$M_{A+}+ = M_{A-}- = a_0 \cdot b_0 \cdot c_0 \cdot m1_0 \cdot M \cdot E \cdot Ep \cdot (Mm + Ma)$$

$$A+ = M_{A+}$$

$$M_{B+}+ = M_{B-}- = a_1 \cdot b_0 \cdot m1_0 \cdot \bar{M} \cdot \bar{E}$$

$$B+ = M_{B+}$$

$$M_{C+}+ = M_{C-}- = a_1 \cdot c_0 \cdot m1_0 \cdot \bar{M} \cdot \bar{E}$$

$$C+ = M_{C+}$$

$$M_{M1+}+ = M_{M1-}- = M_{M2+}+ = a_1 \cdot b_1 \cdot c_1 \cdot m1_0 \cdot \bar{M} \cdot \bar{E}$$

$$M1+ = M_{M1+}$$

$$M2+ = M_{M2+}$$

$$M+ = a_1 \cdot b_1 \cdot c_1 \cdot m1_1 \cdot \bar{M} \cdot \bar{E}$$

$$Activ\ Temp = \ M_T+= a_1 \cdot b_1 \cdot c_1 \cdot m1_1 \cdot M \cdot \overline{M_T} \cdot \bar{E}$$

$$M_{M1-}+ = M_{M1+}- = M_{M2+}-$$
$$= a_1 \cdot b_1 \cdot c_1 \cdot m1_1 \cdot M \cdot M_T \cdot (VTemp\ \geq 60{,}0\ s) \cdot \bar{E} + E$$

$$M1- = M_{M1-}$$

$$M_T- = a_1 \cdot b_1 \cdot c_1 \cdot m1_0 \cdot M \cdot M_T \cdot \bar{E} + E$$

$$M_{B-}+ = M_{B+}- = \ m1_0 \cdot (b_1 \cdot c_1 \cdot M \cdot \bar{E} + E)$$

$$B- = M_{B-}$$

$$M_{A-}+ = M_{A+}- = \ m1_0 \cdot (a_1 \cdot c_1 \cdot M \cdot \bar{E} + b_0 \cdot c_0 \cdot E)$$

$$A- = M_{A-}$$

$$M_{C-}+ = M_{C+}- = \ m1_0 \cdot (a_0 \cdot b_0 \cdot c_1 \cdot M \cdot \bar{E} + E)$$

$$C- = M_{C-}$$

$$M- = a_0 \cdot b_0 \cdot c_0 \cdot m1_0 \cdot M \cdot \bar{E} + E$$

$$M_{A+}- = M_{B+}- = M_{C+}- = E$$

Identificación de variables

La identificación entre las variables del PLC y las correspondientes variables del usuario se representa en la Tabla 22.1.

Programación del PLC mediante diagrama de contactos

La programación del PLC, elaborada mediante diagrama de contactos y que permite controlar los movimientos de la secuencia, se indica en la Figura 22.3.

Tabla 22.1. Identificación de variables

PLC	Usuario	Comentarios
I0	Ep	Detector existencia de pieza
I1	Mm	Pulsador puesta en marcha manual
I2	Ma	Pulsador puesta en marcha automática
I3	a_0	FC cilindro A vástago dentro
I4	a_1	FC cilindro A vástago fuera
I5	b_0	FC cilindro B vástago dentro
I6	b_1	FC cilindro B vástago fuera
I7	c_0	FC cilindro C vástago dentro
I8	c_1	FC cilindro C vástago fuera
I9	$m1_0$	FC giro negativo motor M1
I10	$m1_1$	FC giro positivo motor M1
I11	E	Pulsador de emergencia
O1	A+	Avance vástago A
O2	A-	Retroceso vástago A
O3	B+	Avance vástago B
O4	B-	Retroceso vástago B
O5	C+	Avance vástago C
O6	C-	Retroceso vástago C
O7	M1+	Giro positivo motor M1
O8	M1-	Giro negativo motor M1
O9	M2+	Giro positivo motor M2
F0	M	Memoria
F1	M_{A+}	Memoria movimiento A+
F2	M_{A-}	Memoria movimiento A-
F3	M_{B+}	Memoria movimiento B+
F4	M_{B-}	Memoria movimiento B-
F5	M_{C+}	Memoria movimiento C+
F6	M_{C-}	Memoria movimiento C-
F7	M_{M1+}	Memoria movimiento M1+
F8	M_{M1-}	Memoria movimiento M1-
F9	M_{M2+}	Memoria movimiento M2+
F10	M_T	Memoria temporizador activado
T0	Temp	Temporizador

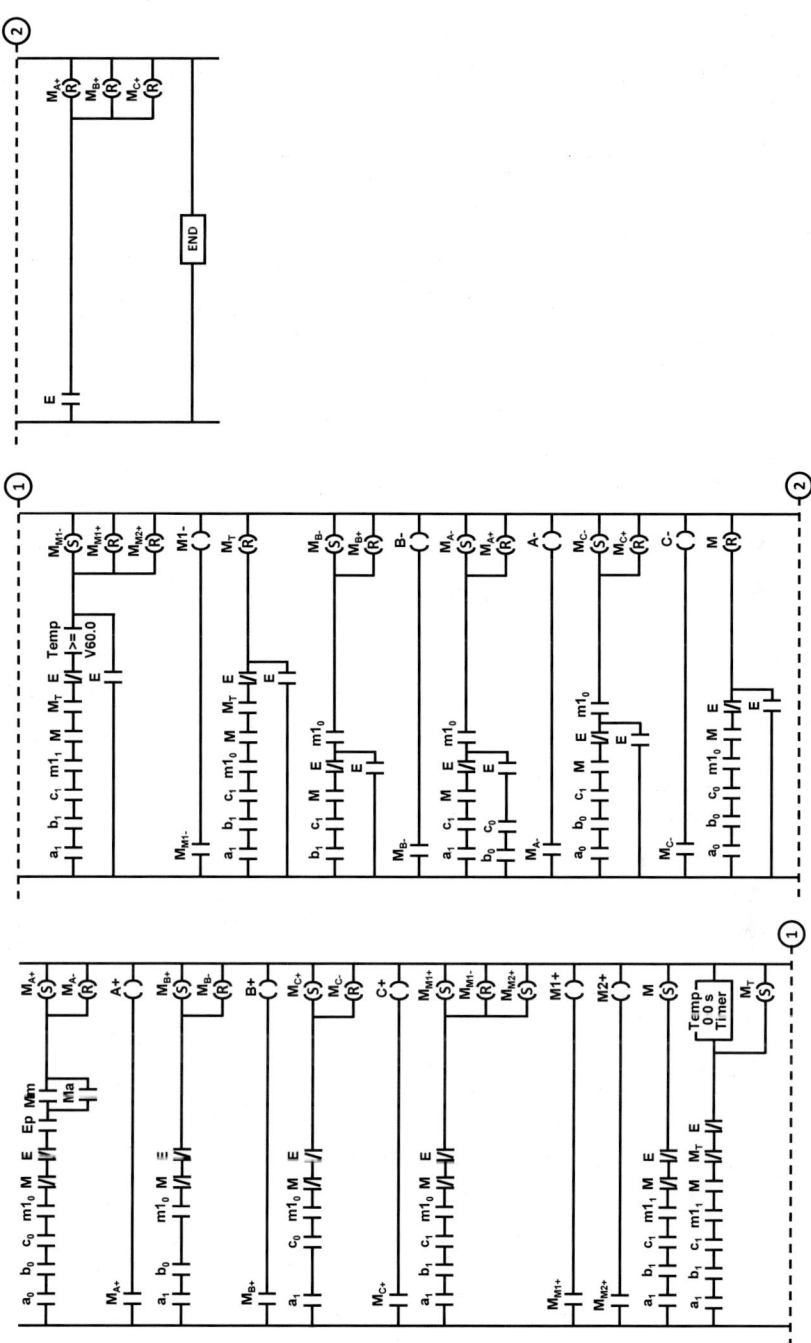

Figura 22.3. Programación del PLC mediante diagrama de contactos

Ejercicio 23. Elevación y volteo de culatas de motores de explosión

En un proceso de mecanizado de culatas de motores de explosión, éstas, con la cara superior ya mecanizada, llegan por una cinta transportadora a una estación que les dará un giro de 180º según un eje horizontal a la vez que las eleva a otra cinta transportadora superior, alineada con la primera, la cual alimenta la máquina de mecanizado de la cara inferior. El funcionamiento de esta estación se automatizará por medio de los siguientes elementos de trabajo oleohidráulicos:

Cilindro *A* de doble efecto, en posición vertical descendente, el cual evita la entrada de una nueva culata a la estación de trabajo mientras se está actuando sobre una de ellas.

Cilindro *B* de doble efecto, en posición horizontal, para sujeción de la culata que llega desde la cinta transportadora inferior.

Cilindro *C* de doble efecto, en posición vertical ascendente, para elevación de la bancada donde se sujeta la culata.

Motor *M* de giro limitado a 180º, para volteo de la bancada alrededor del eje horizontal.

Cilindro *D* de doble efecto, en posición horizontal, para desplazamiento de la bancada elevada y volteada con objeto de depositar la culata al extremo inicial de la cinta transportadora superior.

Las posiciones extremas tanto de los vástagos de cilindro como del motor de giro limitado se detectarán por medio de los correspondientes finales de carrera eléctricos. Cada elemento de trabajo se accionará por medio de una válvula distribuidora de 4 orificios y 3 posiciones de trabajo, con accionamiento eléctrico, centrada por muelles y centro cerrado.

Con todo ello, determinar la secuencia de movimientos de los elementos de trabajo para automatizar el funcionamiento de la estación de elevación y volteo. Esta secuencia de movimientos se deberá iniciar cuando exista una culata sobre la bancada, la cual se detectará por medio del final de carrera *Ep*, a la vez que se pulsa un pulsador de marcha manual *Mm* o se encuentra accionado un pulsador de marcha automática *Ma*. Se podrán simultanear los movimientos del cilindro *C* con los del motor *M*, tanto en un sentido como en otro.

Diseñar por diagrama de contactos el programa de un PLC para controlar la secuencia de movimientos determinada según el párrafo anterior. Determinar las condiciones para cada movimiento a partir de los rectángulos de Karnaugh.

Solución

Secuencia de movimientos

$$\begin{Bmatrix} Mm\ o\ Ma \\ Ep \end{Bmatrix} \rightarrow A+, B+, \begin{Bmatrix} C+ \\ M+, \end{Bmatrix}, D+, B-, D-, \begin{Bmatrix} C- \\ M- \end{Bmatrix}, A-$$

Representación de la parte oleohidráulica del circuito

La parte oleohidráulica del circuito se representa en la Figura 23.1.

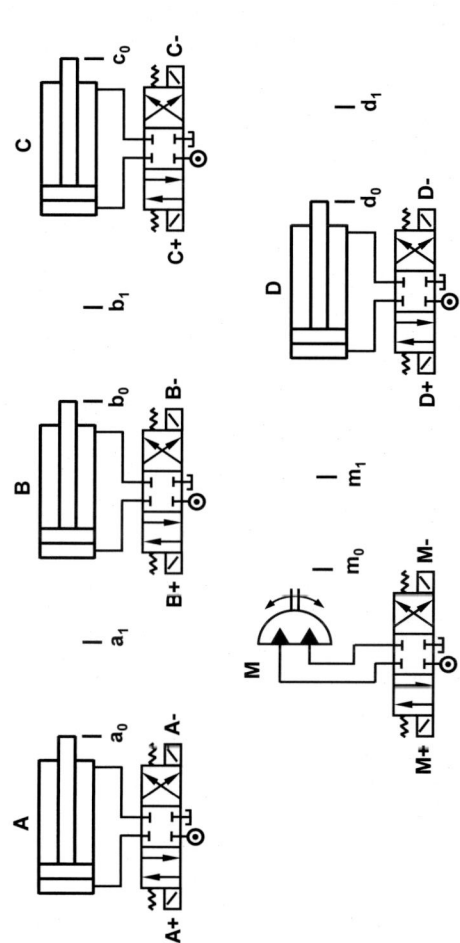

Figura 23.1. Representación de la parte oleohidráulica del circuito

Secuencia de movimientos mediante los rectángulos de Karnaugh

La secuencia de movimientos, representada mediante los rectángulos de Karnaugh, se indica en la Figura 23.2.

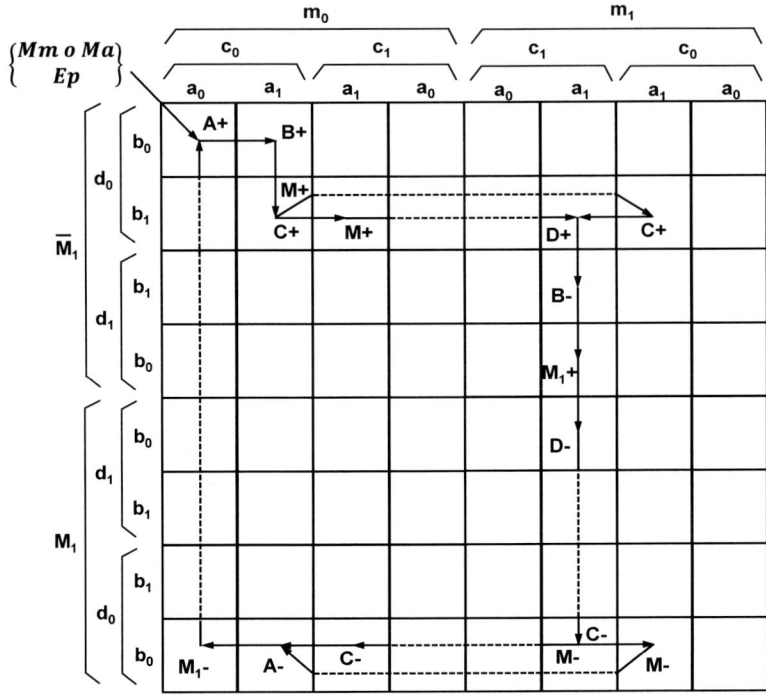

Figura 23.2. Secuencia de movimientos mediante los rectángulos de Karnaugh

Definición lógica de cada movimiento

La definición lógica de cada uno de los movimientos de la secuencia se obtiene de la Figura 23.2, resultando las funciones que se presentan a continuación.

$$M_{A}+ = M_{A}- = a_0 \cdot b_0 \cdot c_0 \cdot d_0 \cdot m_0 \cdot \overline{M_1} \cdot Ep \cdot (Mm + Ma)$$

$$A+= M_{A+}$$

$$M_{B}+ = M_{B}- = a_1 \cdot b_0 \cdot c_0 \cdot d_0 \cdot m_0 \cdot \overline{M_1}$$

$$B+= M_{B+}$$

$$M_{C}+ = M_{C}- = a_1 \cdot b_1 \cdot c_0 \cdot d_0 \cdot \overline{M_1}$$

$$C+= M_{C+}$$

$$M_{M}+ = M_{M}- = a_1 \cdot b_1 \cdot d_0 \cdot m_0 \cdot \overline{M_1}$$

$$M+= M_{M+}$$

$$M_{D+}+ = M_{D-}- = a_1 \cdot b_1 \cdot c_1 \cdot d_0 \cdot m_1 \cdot \overline{M_1}$$

$$D+= M_{D+}$$

$$M_{B-}+ = M_{B+}- = a_1 \cdot b_1 \cdot c_1 \cdot d_1 \cdot m_1 \cdot \overline{M_1}$$

$$B-= M_{B-}$$

$$M_1+ = a_1 \cdot b_0 \cdot c_1 \cdot d_1 \cdot m_1 \cdot \overline{M_1}$$

$$M_{D-}+ = M_{D+}- = a_1 \cdot b_0 \cdot c_1 \cdot d_1 \cdot m_1 \cdot M_1$$

$$D-= M_{D-}$$

$$M_{C-}+ = M_{C+}- = a_1 \cdot b_0 \cdot c_1 \cdot d_0 \cdot M_1$$

$$C-= M_{C-}$$

$$M_{M-}+ = M_{M+}- = a_1 \cdot b_0 \cdot d_0 \cdot m_1 \cdot M_1$$

$$M-= M_{M-}$$

$$M_{A-}+ = M_{A+}- = a_1 \cdot b_0 \cdot c_0 \cdot d_0 \cdot m_0 \cdot M_1$$

$$A-= M_{A-}$$

$$M_1- = a_0 \cdot b_0 \cdot c_0 \cdot d_0 \cdot m_0 \cdot M_1$$

Identificación de variables

La identificación entre las variables del PLC y las correspondientes variables del usuario se representa en la Tabla 23.1.

Programación del PLC mediante diagrama de contactos

La programación del PLC, elaborada mediante diagrama de contactos y que permite controlar los movimientos de la secuencia, se indica en la Figura 23.3.

Tabla 23.1. Identificación de variables

PLC	Usuario	Comentarios
I0	Ep	Detector existencia de pieza
I1	Mm	Pulsador de puesta en marcha manual
I2	Ma	Pulsador de puesta en marcha automática
I3	a_0	FC cilindro A vástago dentro
I4	a_1	FC cilindro A vástago fuera
I5	b_0	FC cilindro B vástago dentro
I6	b_1	FC cilindro B vástago fuera
I7	c_0	FC cilindro C vástago dentro
I8	c_1	FC cilindro C vástago fuera
I9	d_0	FC cilindro D vástago dentro
I10	d_1	FC cilindro D vástago fuera
I11	m_0	FC giro negativo motor M
I12	m_1	FC giro positivo motor M
I13	Pi	Pulsador de inicio
O1	A+	Avance vástago A
O2	A-	Retroceso vástago A
O3	B+	Avance vástago B
O4	B-	Retroceso vástago B
O5	C+	Avance vástago C
O6	C-	Retroceso vástago C
O7	D+	Avance vástago D
O8	D-	Retroceso vástago D
O9	M+	Giro positivo motor M
O10	M-	Giro negativo motor M
F0	M_1	Memoria 1
F1	M_{A+}	Memoria movimiento A+
F2	M_{A-}	Memoria movimiento A-
F3	M_{B+}	Memoria movimiento B+
F4	M_{B-}	Memoria movimiento B-
F5	M_{C+}	Memoria movimiento C+
F6	M_{C-}	Memoria movimiento C-
F7	M_{D+}	Memoria movimiento D+
F8	M_{D-}	Memoria movimiento D-
F9	M_{M+}	Memoria movimiento M+
F10	M_{M-}	Memoria movimiento M-

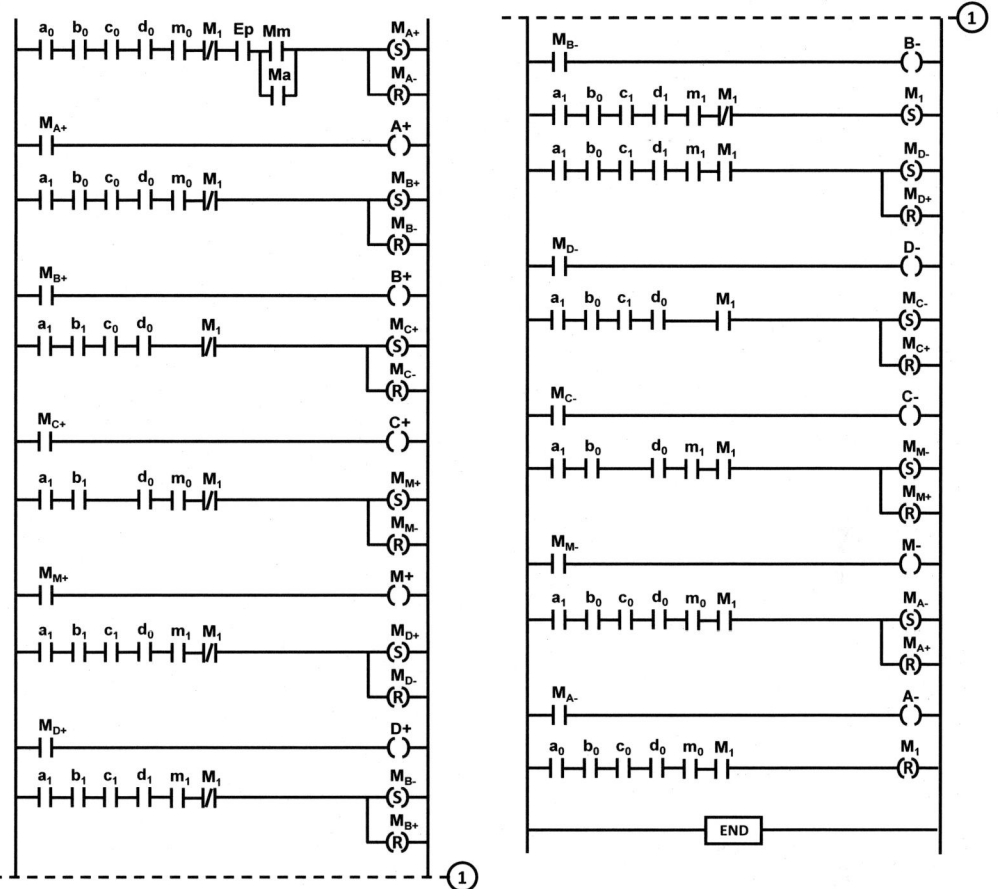

Figura 23.3. Programación del PLC mediante diagrama de contactos

Ejercicio 24. Selección por altura de piezas ya mecanizadas

Se desea automatizar, mediante la técnica oleohidráulica, la selección por altura de piezas ya mecanizadas. Las piezas llegan a la bancada por medio de una cinta transportadora, Figura 24.1, pudiendo desplazarse la bancada hasta el puesto de selección por medio del cilindro *B*. Sobre esta bancada se ha dispuesto un final de carrera, *Ep*, para detectar la llegada de una pieza. Además, existe un cilindro *A*, vertical, que dispone de un tope para evitar la entrada de una nueva pieza cuando se está seleccionando una de ellas.

Las piezas a seleccionar pueden tener dos alturas diferentes, de manera que las de mayor tamaño, cuando se sitúan sobre la bancada, accionan un final de carrera *Tp*, el cual no será accionado por las piezas de menor tamaño. Por ello, cuando se detecte la existencia de una pieza sobre la bancada por medio del final de carrera *Ep*, y se pulse un pulsador de marcha manual *Mm* o se encuentre accionado un pulsador de marcha automática *Ma*, la secuencia de movimientos será la siguiente:

1. Avance del tope *A* para evitar que entre una nueva pieza.

2. Avance lento del cilindro *B* para situar la bancada en el puesto de selección.

3. Si no se acciona el final de carrera *Tp*, avance lento del cilindro *C* hasta la mitad de su recorrido, para desplazar la pieza al primer banco de retirada y, posteriormente, retroceso del cilindro *C*. Expulsión de la pieza hacia la primera cinta de retirada mediante el cilindro *D*.

4. Si el final de carrera *Tp* se encuentra accionado, avance lento del cilindro *C* hasta el final de su recorrido, para desplazar la pieza al segundo banco de retirada y, posteriormente, retroceso del cilindro *C*. Expulsión de la pieza hacia la segunda cinta de retirada mediante el cilindro *E*.

5. Retirada del cilindro *B* para devolver la bancada a su posición inicial.

6. Retroceso del tope *A* para permitir el paso de una nueva pieza hacia la bancada.

Diseñar por diagrama de contactos el programa de un PLC para controlar el proceso de selección de piezas. Determinar las condiciones para cada movimiento a partir de los rectángulos de Karnaugh.

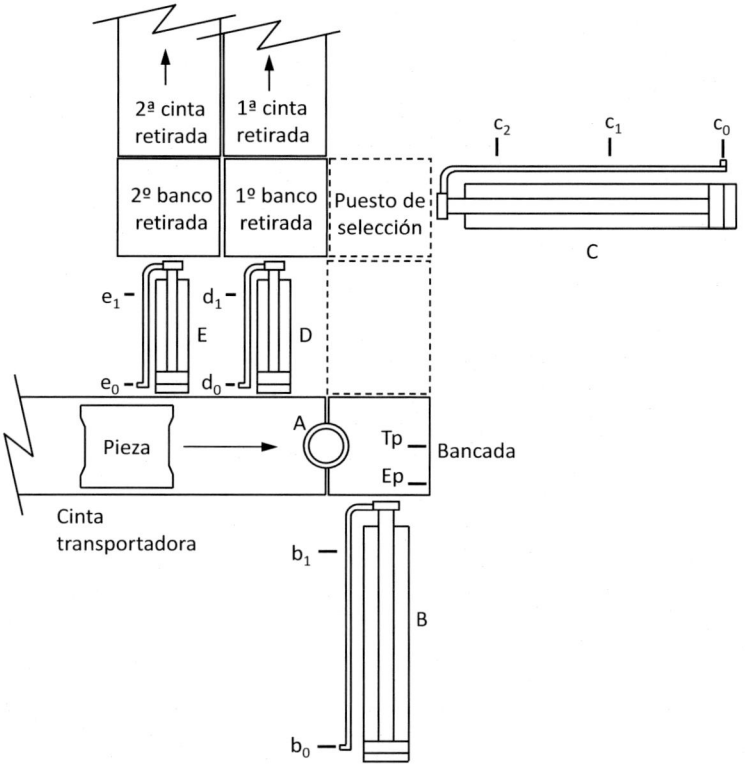

Figura 24.1. Sistema de selección, por altura, de piezas ya mecanizadas.

Solución

Secuencia de movimientos

$$\left\{\begin{matrix} Mm\ o\ Ma \\ Ep \end{matrix}\right\} \to A+, B+, C+(c_1) \Big\langle \begin{matrix} \overline{Tp} \text{———} C-(c_0), D+, D- \text{———} \\ Tp \quad C+(c_2), C-(c_1), \left\{\begin{matrix} C-(c_0) \\ E+ \end{matrix}\right\}, E- \end{matrix} \Big\rangle \searrow B-, A-$$

En esta secuencia de movimientos, la notación $C+(c_1)$ indica la salida del vástago del cilindro C hasta accionar el final de carrera c_1. De manera análoga se interpretan las notaciones $C+(c_2)$, $C-(c_1)$ y $C-(c_0)$.

Representación de la parte oleohidráulica del circuito

La parte oleohidráulica del circuito se representa en la Figura 24.2.

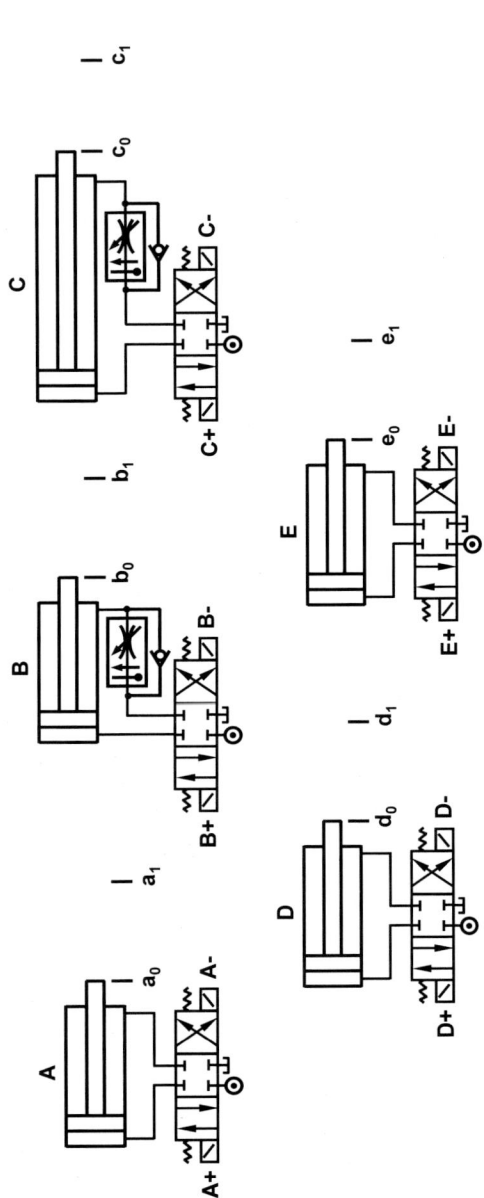

Figura 24.2. Representación de la parte oleohidráulica del circuito

Secuencia de movimientos mediante los rectángulos de Karnaugh

La secuencia de movimientos, representada mediante los rectángulos de Karnaugh, se indica en la Figura 24.3.

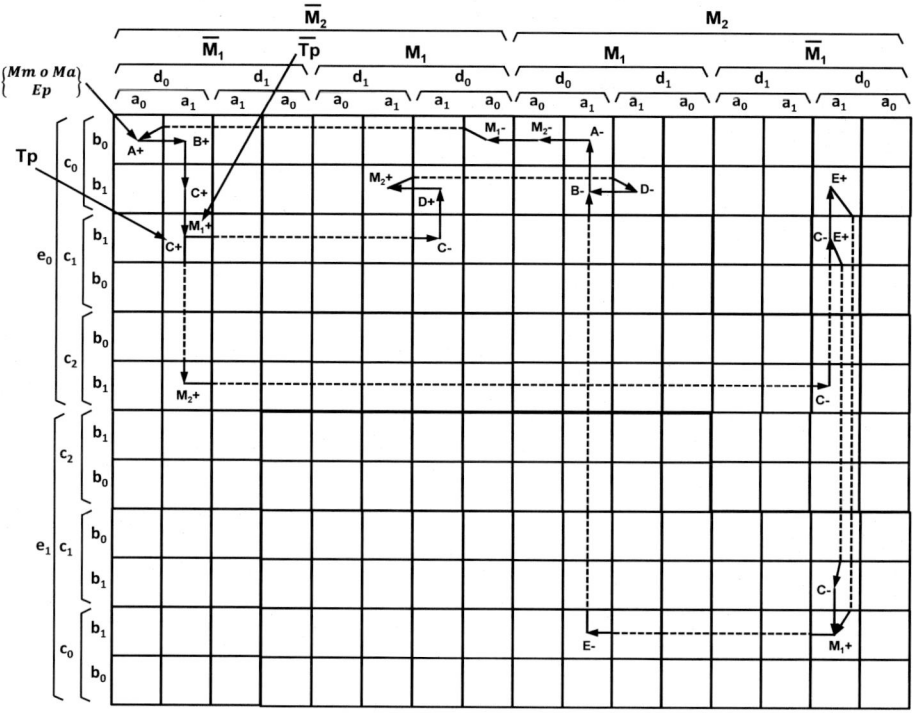

Figura 24.3. Secuencia de movimientos mediante los rectángulos de Karnaugh

Como se indica en la Fig. 24.3, en la casilla correspondiente al final del movimiento $C+(c_1)$ se decide si dejar la pieza en el primer banco de retirada o continuar su desplazamiento hasta el segundo, retrocediendo posteriormente el vástago del cilindro C y desplazando la pieza hasta la correspondiente cinta de retirada mediante el cilindro D o el E. Esta decisión se hace mediante el estado del final de carrera Tp (sin accionar o accionado), el cual entra como una variable externa a la mencionada casilla.

Al ser las dos líneas de movimiento en paralelo mutuamente excluyentes, ambas pueden representarse en el mismo diagrama de Karnaugh, de manera que solamente se recorrerá una de ellas dependiendo, como se indica en el párrafo anterior, del estado del final de carrera Tp. Ambas líneas terminan en la misma casilla, aquella en la cual se ordena el movimiento B-, de acuerdo con lo indicado en la secuencia de movimientos.

113

Definición lógica de cada movimiento

La definición lógica de cada uno de los movimientos de la secuencia se obtiene de la Figura 24.3, resultando las funciones que se presentan a continuación.

$$M_{A+}+ = M_{A-}- = a_0 \cdot b_0 \cdot c_0 \cdot d_0 \cdot e_0 \cdot \overline{M_1} \cdot \overline{M_2} \cdot Ep \cdot (Mm + Ma)$$

$$A+ = M_{A+}$$

$$M_{B+}+ = M_{B-}- = a_1 \cdot b_0 \cdot c_0 \cdot d_0 \cdot e_0 \cdot \overline{M_1} \cdot \overline{M_2}$$

$$B+ = M_{B+}$$

$$M_{C+}+ = M_{C-}- = a_1 \cdot b_1 \cdot d_0 \cdot e_0 \cdot \overline{M_1} \cdot \overline{M_2} \cdot (c_0 + c_1 \cdot Tp)$$

$$C+ = M_{C+}$$

$$M_1+ = a_1 \cdot b_1 \cdot d_0 \cdot \overline{M_1} \cdot (c_1 \cdot e_0 \cdot \overline{M_2} \cdot \overline{Tp} + c_0 \cdot e_1 \cdot M_2)$$

$$M_{C-}+ = M_{C+}- = a_1 \cdot b_1 \cdot d_0 \cdot [c_1 \cdot e_0 \cdot M_1 \cdot \overline{M_2} + (c_1 + c_2 \cdot e_0) \cdot \overline{M_1} \cdot M_2]$$

$$C- = M_{C-}$$

$$M_{D+}+ = M_{D-}- = a_1 \cdot b_1 \cdot c_0 \cdot d_0 \cdot e_0 \cdot M_1 \cdot \overline{M_2}$$

$$D+ = M_{D+}$$

$$M_2+ = a_1 \cdot b_1 \cdot e_0 \cdot \overline{M_2} \cdot (c_0 \cdot d_1 \cdot M_1 + c_2 \cdot d_0 \cdot \overline{M_1})$$

$$M_{D-}+ = M_{D+}- = a_1 \cdot b_1 \cdot c_0 \cdot d_1 \cdot e_0 \cdot M_1 \cdot M_2$$

$$D- = M_{D-}$$

$$M_{E+}+ = M_{E-}- = a_1 \cdot b_1 \cdot d_0 \cdot e_0 \cdot \overline{M_1} \cdot M_2$$

$$E+ = M_{E+}$$

$$M_{E-}+ = M_{E+}- = a_1 \cdot b_1 \cdot c_0 \cdot d_0 \cdot e_1 \cdot M_1 \cdot M_2$$

$$E- = M_{E-}$$

$$M_{B-}+ = M_{B+}- = a_1 \cdot b_1 \cdot c_0 \cdot d_0 \cdot e_0 \cdot M_1 \cdot M_2$$

$$B- = M_{B-}$$

$$M_{A-}+ = M_{A+}- = a_1 \cdot b_0 \cdot c_0 \cdot d_0 \cdot e_0 \cdot M_1 \cdot M_2$$

$$A- = M_{A-}$$

$$M_2- = a_0 \cdot b_0 \cdot c_0 \cdot d_0 \cdot e_0 \cdot M_1 \cdot M_2$$

$$M_1- = a_0 \cdot b_0 \cdot c_0 \cdot d_0 \cdot e_0 \cdot M_1 \cdot \overline{M_2}$$

Identificación de variables

La identificación entre las variables del PLC y las correspondientes variables del usuario se representa en la Tabla 24.1.

Programación del PLC mediante diagrama de contactos

La programación del PLC, elaborada mediante diagrama de contactos y que permite controlar los movimientos de la secuencia, se indica en la Figura 24.4.

Tabla 24.1. Identificación de variables

PLC	Usuario	Comentarios
I0	Ep	Detector existencia de pieza
I1	Mm	Pulsador de puesta en marcha manual
I2	Ma	Pulsador de puesta en marcha automática
I3	Tp	FC tipo de pieza
I4	a_0	FC cilindro A vástago dentro
I5	a_1	FC cilindro A vástago fuera
I6	b_0	FC cilindro B vástago dentro
I7	b_1	FC cilindro B vástago fuera
I8	c_0	FC cilindro C vástago dentro
I9	c_1	FC cilindro C vástago posición intermedia
I10	c_2	FC cilindro C vástago fuera
I11	d_0	FC cilindro D vástago dentro
I12	d_1	FC cilindro D vástago fuera
I13	e_0	FC cilindro E vástago dentro
I14	e_1	FC cilindro E vástago fuera
O1	A+	Avance vástago A
O2	A-	Retroceso vástago A
O3	B+	Avance vástago B
O4	B-	Retroceso vástago B
O5	C+	Avance vástago C
O6	C-	Retroceso vástago C
O7	D+	Avance vástago D
O8	D-	Retroceso vástago D
O9	E+	Avance vástago E
O10	E-	Retroceso vástago E
F1	M_1	Memoria 1
F2	M_2	Memoria 2
F3	M_{A+}	Memoria movimiento A+
F4	M_{A-}	Memoria movimiento A-
F5	M_{B+}	Memoria movimiento B+
F6	M_{B-}	Memoria movimiento B-
F7	M_{C+}	Memoria movimiento C+
F8	M_{C-}	Memoria movimiento C-
F9	M_{D+}	Memoria movimiento D+
F10	M_{D-}	Memoria movimiento D-
F11	M_{E+}	Memoria movimiento E+
F12	M_{E-}	Memoria movimiento E-

Ejercicios resueltos de diseño de circuitos oleohidráulicos y neumáticos

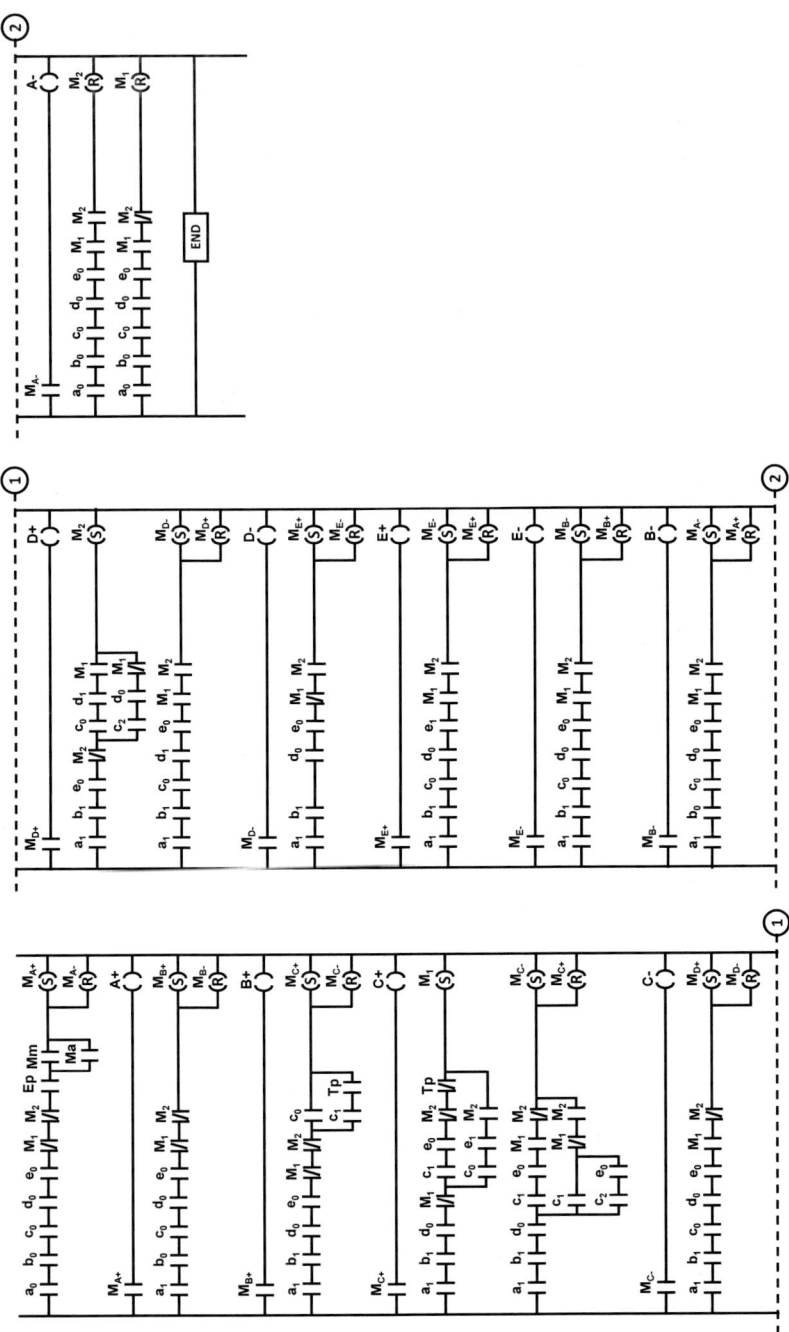

Figura 24.4. Programación del PLC mediante diagrama de contactos

Bibliografía

Ackermann, H.; Hopf, H.; Plagemann, H. (1988). *Controles lógicos programables. Nivel básico. Colección de ejercicios.* Ed Festo Didactic. Esslingen (Alemania). ISBN 3-8127-3327-7.

Croser, P.; Thomson, J. (1993). *Electroneumática. Nivel básico.* Ed. Festo Didactic. Esslingen (Alemania). ISBN 3-8127-1181-8.

Deppert, W.; Stoll, K. (1977). *Aplicaciones de la neumática.* Ed. Marcombo, S.A. Bilbao (España). ISBN 84-267-0206-6.

ÉDIREP (ed.) (1979). *Manuel de la pneumatique (2ème ed).* Ed. Édirep. París (Francia).

Meixner, H.; Kobler, R. (1980). *Neumática. Iniciación al personal de montaje y mantenimiento (2ª ed).* Ed. Festo Didactic. Esslingen (Alemania). ISBN 3-8127-0847-7.

Peláez Vara, J.; García Maté, E. (2002). *Neumática Industrial. Diseño, selección y estudio de elementos neumáticos.* Cie Inversiones Editoriales Dossat 2000 S.L. Madrid (España). ISBN 84-95312-00-0.

Serrano Nicolás, A. (2004). *Neumática (5ª ed).* Ed. Thomson Paraninfo. Madrid (España). ISBN 84-283-2275-9.